高等院校医学实验教学系列教材

生物化学与分子生物学实验

主　编　李　荷　何凤田
副主编　罗少洪　何震宇　李春梅　崔炳权
编　委　(按姓氏汉语拼音排序)
崔炳权（广东药科大学）
高　蓝（广东药科大学）
顾取良（广东药科大学）
何凤田（第三军医大学）
何震宇（广东药科大学）
李　荷（广东药科大学）
李春梅（广东药科大学）
罗少洪（广东药科大学）
梅寒芳（广东药科大学）
杨泽民（广东药科大学）
游　娟（广东药科大学）

科学出版社
北　京

内 容 简 介

本书是《生物化学与分子生物学》案例版配套教材。全书共两篇，第一篇为生物化学与分子生物学实验基本操作、基本技术及原理，包括生物化学与分子生物学实验的基本操作，常用实验技术和原理，实验记录和实验报告书写要求等内容。第二篇为生物化学与分子生物学实验，参照理论课章节编排设计了蛋白质化学、核酸化学、酶学实验、生物大分子的分离实验、分子生物学实验、生化指标检测、综合性实验等 7 个单元，共 35 个实验。

本书既可供医药领域院校本科各专业教学使用，也可作为研究生及从事相关专业研究人员的技术参考书，还可作为医学生完成学业、考研和医师资格考试的参考书籍。

图书在版编目(CIP)数据

生物化学与分子生物学实验 / 李荷，何凤田主编. —北京：科学出版社，2016.6

ISBN 978-7-03-048890-9

Ⅰ. ①生… Ⅱ. ①李… ②何… Ⅲ. ①生物化学–实验–医学院校–教材②分子生物学–实验–医学院校–教材 Ⅳ. ①Q5-33②Q7-33

中国版本图书馆 CIP 数据核字（2016）第 136597 号

责任编辑：胡治国 / 责任校对：蒋 萍

责任印制：李 彤 / 封面设计：陈 敬

科 学 出 版 社 出版

北京东黄城根北街 16 号

邮政编码：100717

http://www.sciencep.com

北京凌奇印刷有限责任公司印刷

科学出版社发行 各地新华书店经销

*

2016 年 6 月第 一 版 开本：B5 (720×1000)

2026 年 1 月第十一次印刷 印张：9 1/4

字数：178 000

定价：48.00 元

（如有印装质量问题，我社负责调换）

前　言

生物化学与分子生物学作为生命科学的核心，其理论、方法、技术在医药领域广泛应用，因此，也早已成为许多相关学科各层次学生的必修课程。对于药学院校各专业学生而言，生物化学与分子生物学是一门非常重要的专业基础课，而生物化学与分子生物学实验课是对其理论课进一步的完善和补充。

根据几十年来开设的生物化学与分子生物学实验课的经验和体会，同时基于与时俱进地将近年来相关新方法、新技术尽快地传授给学生的目的，我们在原有的并已使用多年的生物化学实验教材的基础上，对其具体的内容进行了适度的修改、调整和补充，编写了这本《生物化学与分子生物学实验》。本实验教材的编写，在于初步培养学生独立分析问题和解决问题的能力，在了解、掌握生物化学和分子生物学理论、基本实验技能的基础上，将所学知识有机地运用到将要开展的药学、医学科研和教学工作以及生产实践中，同时，培养学生在实际工作中的协作精神和严谨、求实、勤俭、高效的作风。

全书共分两篇。第一篇为生物化学与分子生物学实验基本操作、基本技术及原理，包括生物化学与分子生物学实验的基本操作，常用实验技术和原理，实验记录和实验报告书写要求等内容。第二篇为生物化学与分子生物学实验，参照理论课章节编排设计了蛋白质化学、核酸化学、酶学实验、生物大分子的分离实验、分子生物学实验、生化指标检测、综合性实验等7个单元，共35个实验。

《生物化学与分子生物学实验》既可供医药院校本科各专业教学使用，也可作为研究生及从事相关专业研究人员的技术参考书，还可作为医学生完成学业、考研和医师资格考试的参考书籍。

由于编者水平有限，本教材难免存在一些不足，恳请谅解并衷心希望提出宝贵的意见和建议。

编　者

2016年5月

目　录

总　论

生物化学与分子生物学是当代生命科学领域中一门重要的基础学科，它涵盖的基础理论、基本知识、基本技术与医学研究各学科领域密切相关，其理论与技术的发展，推动了生命科学的发展，对人类的科技进步与文明产生巨大影响。生物化学实验是生命科学相关专业学生必修的一门独立的基础实验技术课程，其研究技术的发展与应用是依据物理学、化学及生物学的基本理论和实验方法而建立起来的。20 世纪 20 年代微量分析的发展，30 年代电子显微镜的出现，40 年代层析技术和电泳技术的兴起，以及同位素示踪技术、各种光谱技术、核磁共振技术的应用，激光、超导等新技术的出现，电子计算机技术的突飞猛进，使生物化学实验手段提高到一个崭新的水平，掌握生物化学实验方法和研究技术，对生命科学相关专业学生来说是十分重要的。

本门课程主要侧重于给学生以基本实验方法和基本实验技能的训练，让学生了解并掌握生物化学的四大基本实验方法，即：分光光度法、离心法、层析法和电泳法。同时也注意引进一些新近发展起来的生物化学及分子生物学重要研究技术，作为学生学习其他专业课程和进入科学研究领域的准备。

一、实验要求

1. 实验前必须预习实验指导和相关理论，明确实验目的、原理、预期的结果、操作关键步骤及注意事项。

2. 实验时要严肃认真专心进行操作，注意观察实验过程中出现的现象和结果，结果不良时，必须重做。

3. 实验中，应及时将实验结果如实记录下来，并请老师当场审核。根据实验结果进行科学分析，按时将实验报告交教师评阅。

二、实验记录要求

实验记录应及时、准确、如实、详尽、清楚。

“及时”是指在实验中将观察到的现象、结果、数据及时记录在实验报告本上(每个实验报告前一页作为实验记录专用页)。回顾性的记录容易造成无意或有意的失真。

实验结果的记录不可掺杂任何主观因素，不能受现成资料及他人实验结果的影响。若出现“不正常”的现象，更应如实详尽记录。

表格式的记录方式简练而清楚，值得提倡使用。记录时字迹必须清楚，不提倡使用易于涂改及消退的笔墨做原始记录。

简单的实验记录应包括日期、题目(内容)、现象及结果(包括计算结果及各种图表)。使用精密仪器进行实验时还应记录仪器的型号及编号。

实验结束后，应及时整理和总结实验结果，写出实验报告。

三、实验报告要求

完整的实验报告应包括实验名称、实验日期、目的要求、实验原理、试剂、仪器设备、操作方法、实验结果、讨论、实验结论等多项内容。

其中，目的要求、原理、设备、试剂及操作方法等项只要求作简明扼要的叙述，不必也不应将《实验指导》原版抄录一遍。但对实验的条件、操作要点等实验成败的关键环节应作清楚描述。

实验结果首先是如实记录实验中观察到的现象及各种原始数据，还应包括根据实验要求整理、归纳数据后进行计算的过程及计算结果，根据实验数据及计算做出的各种图表(如曲线图、对照表等)。

讨论部分不是对结果的重述，而是对实验结果、实验方法和异常现象进行解析和评论，以及对实验设计的认识、体会及建议。

一般要有实验结论。结论要简单扼要，以说明本次实验所获得的结果。如在临床生化检验项目中，可评价样本检出值与相应正常值之间的异同及其临床意义。

四、实验时注意事项

1. 进实验室要穿好实验服，以避免给实验带来不可预知的结果，或造成酸碱腐蚀衣服。

2. 进实验室前准备好实验指导、课本、笔记、实验记录本、报告本、文具等。其他非实验所需物品严禁带入实验室。

3. 保持实验台整洁，试剂、仪器应整齐，按次序放置。实验完毕要按各类仪器的清洗方法和要求将仪器清洗干净。

4. 实验室是培养学生独立思考、独立工作能力及良好科学作风的重要场所，操作务必认真，不得敷衍，室内应保持肃静，不得吸烟、玩闹，不得随地吐痰，不得乱丢纸屑。实验后要清扫实验台面、地面、试剂瓶要码放整齐。

5. 爱护仪器、节约药品。第一次实验时要按仪器清单清点仪器，负责保管，用后如数交还。在使用时如有破损，及时报告，经指导教师检查后填写破损单，按学校规定赔偿。

6. 贵重仪器，如分光光度计、离心机等，应当爱护，使用前应熟悉使用方法，严格遵守操作规程，严禁随意开动。

7. 节约水电，一经用完随手关闭水龙头、电闸。

五、值日生任务

1. 领发本次所用仪器、物品，清点、交还临时用仪器、物品，若有损坏负责追查赔偿。

2. 管理操作公用仪器，打蒸馏水。

3. 搞好实验室卫生，做到仪器、桌面、地面、水池等干净、整齐。

4. 确保安全，管好仪器、门窗、水电。

5. 请任课及技术室老师检查工作，认可后方能离开实验室。

六、试剂使用规则

1. 使用试剂前应仔细辨认标签，看清名称及浓度，是否为本实验所需要。

2. 取出试剂后，立即将瓶塞盖好，切勿盖错，放回原处。试剂瓶塞、专用吸量管、滴管不得与试剂瓶分家，以免错用而污染试剂，造成自己或他人实验的失败。未用完的试剂不得倒回瓶内。

3. 取标准溶液时，应先将标准液倒入干净试管中，再用清洁吸管吸取标准液，以免污染瓶中的标准溶液。

4. 使用滴管时，滴管尖端朝下，切勿倒置，勿使试剂流入橡皮帽内。

5. 使用有毒试剂及强酸强碱时，尽可能用量筒量取，若用吸管时只能用洗耳球吸取，切勿用嘴吸取，以免造成意外。

七、安全注意事项

1. 低沸点有机溶剂，如乙醚、石油醚、酒精等均系易燃物品，使用时应禁明火、远离火源，若需加热要用水浴加热，不可直接在火上加热。

2. 凡属发烟或产生有毒气体的化学实验，均应在通风橱内进行，以免对人体造成危害。

3. 若发生酸碱灼伤事故，先用大量自来水清洗，酸灼伤者用饱和 $NaHCO_3$ 溶液中和，碱灼伤者用饱和 H_3BO_3 溶液中和，氧化剂伤害者用 $Na_2S_2O_4$ 处理。

4. 若发生起火事件，根据发生起火性质分别采用砂、水、CO_2 或 CCl_4 灭火器扑灭。

5. 离开实验室必须关好窗户，切断电源、水源，以确保安全。

八、废弃物处理

1. 所有固体废弃物如：用过的滤纸、棉花、碎屑沉淀物等必须倾弃于垃圾筒中。

2. 浓酸必须弃于小钵中，用水稀释后倒入水池中。

3. 实验完成后之沉淀或混合物含有可提取之贵重药品者不可随意舍弃，应交教师保存。

第一篇　生物化学与分子生物学实验基本操作、基本技术及原理

第一章　生物化学与分子生物学实验基本操作

一、玻璃仪器的洗涤与清洗

生物化学实验常用各种玻璃仪器，其清洁程度将直接影响实验结果的可靠性。因此，玻璃仪器的清洁不仅是实验前后的常规工作，而且是一项重要的基本技术。

玻璃仪器的清洗方法很多，需要根据实验的要求，以及污物性质选用不同的清洁方法。

1. 新购仪器的清洗　新购仪器表面附着油污和灰尘，特别是附着有可游离的金属离子。因此，新购仪器需要用肥皂水刷洗，流水冲净后，浸于 10%Na_2CO_3 溶液中煮沸。用流水冲净后，再浸泡于 1%～2%HCl 溶液中过夜。流水洗净酸液，用蒸馏水少量多次冲洗后，干燥备用。

2. 使用过的玻璃仪器的清洗

(1) 一般非计量玻璃仪器或粗容量仪器，如试管、烧杯、量筒等，先用肥皂水刷洗，再用自来水冲洗干净，最后用蒸馏水冲洗 2～3 次后，倒置于清洁处晾干。

(2) 容量分析仪器，如吸量管、滴定管、容量瓶等，先用自来水冲洗，沥干后，浸于铬酸洗液浸泡数小时。然后用自来水和蒸馏水冲洗干净，干燥备用。

(3) 比色杯，用毕立即用自来水反复冲洗，如有污物粘附于杯壁，宜用盐酸或适当溶剂清洗。然后用自来水、蒸馏水冲洗干净。切忌用刷子、粗糙的布或滤纸等擦拭。洗净后，倒置晾干备用。

二、吸量管的种类和使用

吸量管是生化实验最常用的仪器之一，测定的准确度与吸量管的正确选择和使用有密切关系。

1. 吸量管的分类　常用的吸量管可以分为三类，见图 1-1-1。

(1) 奥氏吸量管：供准确量取 0.5、1.0、2.0、3.0ml 液体所用。此种吸量管只有一个刻度，当放出所量取的液体时，管尖余留的液体必须吹入容器内。

(2) 移液管：常用来量取 50、25、10、5、2、1ml 的液体，这种吸量管只有一个刻度，放液时，量取的液体自然流出后，管尖需在容器内壁停留 15 秒钟，注意管尖残留液体不要吹出。

(3) 刻度吸量管：供量取 10ml 以下体积的溶液。一般刻度包括尖端部分。将所量液体全部放出后，还需要吹出残留于管尖的溶液。此类吸量管为“吹出式”，吸量管上端标有“吹”字。未标“吹”字的吸量管，则不必吹出管尖的残留液体。

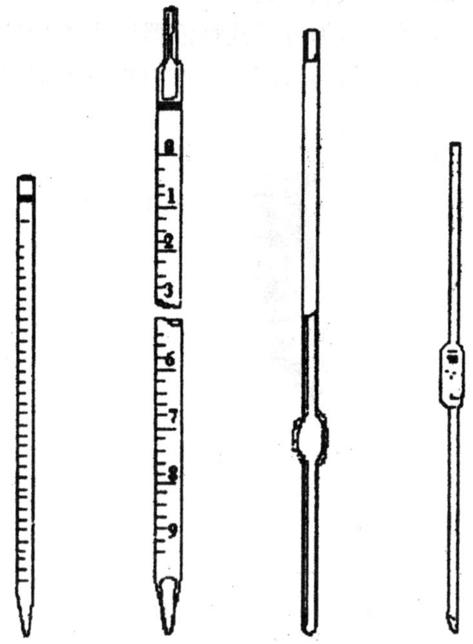

图 1-1-1　三类吸量管简图

1、2：刻度吸量管　3：奥氏吸量管　4：移液管

2. 吸量管的使用

(1) 选用原则：准确量取整数量液体，应选用奥氏吸量管。量取大体积时要用移液管。量取任意体积的液体时，应选用量程与取液量最接近的吸量管。如欲取 0.15ml 液体，应选用 0.2ml 的刻度吸量管。同一定量试验中，如欲加同种试剂于不同管中，并且取量不同时，应选择一支量程与最大取液量最接近的刻度吸量管。如各试管应加的试剂量为 0.30、0.50、0.70、0.90ml 时，应选用一支量程为 1.0ml 的刻度吸量管。

(2) 吸量管的使用：使用吸量管时，用拇指和中指夹住近顶端部分，将管的下端插入液体，用洗耳球吸入液体到需要刻度标线上 1～2cm 处(插入液面下的部分不可太深，也不可太浅，防止空气突然进入管内，将溶液吸入洗耳球内)，用食指封闭上口将已充满液体的吸量管提出液面，把吸量管提到与眼睛同一水平线上，然后小心松开上口，调节液面至需要的刻度处。将吸量管移到另一容器，松开上口，使液体自由流出。最后再根据规定吹出或不吹出尖端的液体，见图 1-1-2。

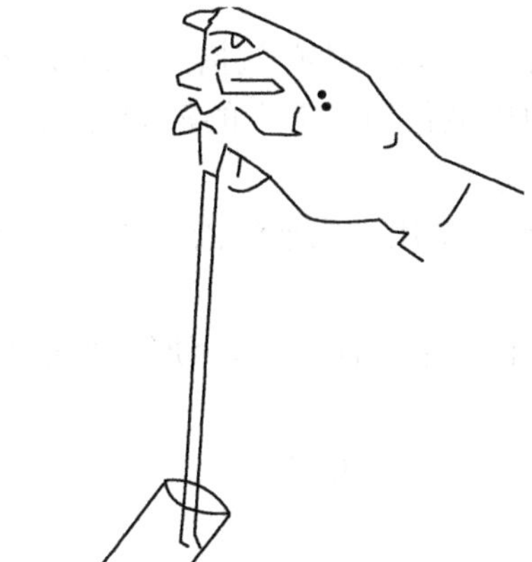
图 1-1-2　放液体时的姿势

3. 可调式移液器的使用

(1) 可调式移液器的结构，见图 1-1-3。

(2) 可调式移液器的操作，见图 1-1-4。

1) 旋转调节轮至所需体积值。

2) 套上吸头，旋紧。

3) 垂直持握可调式移液器用大拇指按至第一档。

4) 将吸头插入溶液，徐徐松开大拇指，使其复原。

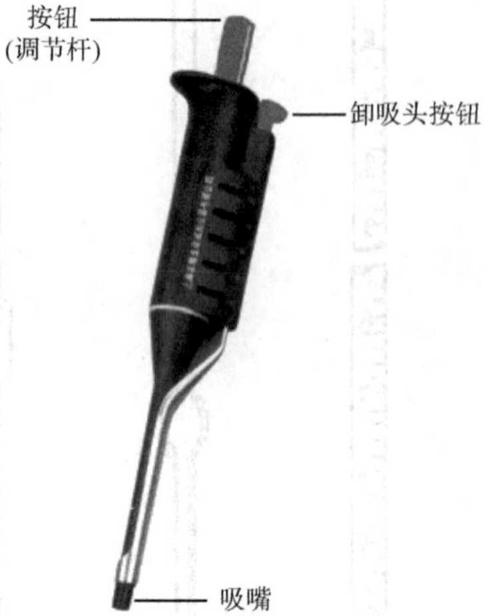

图 1-1-3 可调式移液器的结构

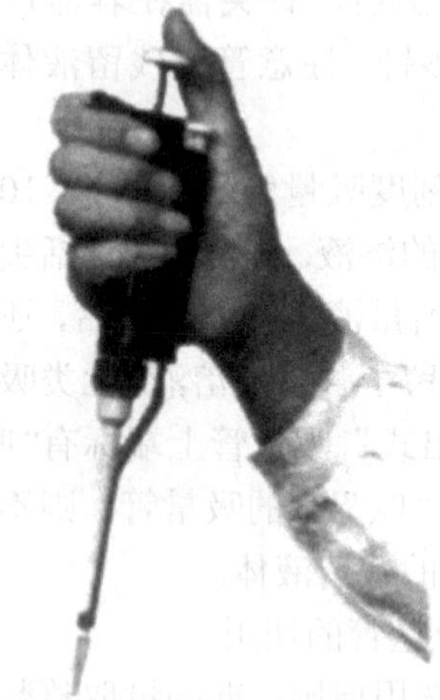

图 1-1-4 持移液器的姿势

注：推动按钮内部的活塞分 2 段行程，第一档为吸液，第二档为放液，手感十分清楚

5) 将可调式移液器移出液面，必要时可用纱布或滤纸拭去附于吸头表面的液体(注意：不要接触吸头孔口)。

6) 排放时，重新将大拇指按下，至第一档后，继续按至第二档以排空液体。

注：移取另一样品时，按卸尖按钮弃掉吸头并更换新吸头。

三、混　匀

样品和试剂的混匀是保证化学反应充分进行的一种有效措施。为使反应体系内各物质迅速地接触，必须借助于外力的机械作用。常用的混匀方法有以下几种：

1. 旋转法　手持容器，使溶液作离心旋转。适用于未盛满液体的试管或小口器皿，如锥形瓶。

2. 指弹法　一手执试管上端，另一只手轻弹试管下部，使管内溶液作旋涡运动。

3. 搅动法　使用玻璃棒搅匀，多用于溶解烧杯中的固体。

4. 电磁搅拌混匀

5. 混匀器法　将容器置于混匀器的振动盘上，逐渐用力下压，使内容物旋转。

注：混匀时谨防容器内液体溅出或被污染；严禁用手堵塞管口或瓶口振摇。

四、保　　温

将容器放入恒温水浴箱，调节温度设定钮至所需温度。水浴箱中水分要充足，实验过程中要随时监测温度，并及时调节。

五、过　　滤

用于收集滤液、收集沉淀或洗涤沉淀。在生化实验中如用于收集滤液应选用干滤纸，不应将滤纸先弄湿，湿滤纸将影响滤液的稀释比例。滤纸过滤一般采用平折法(即对折后，再对折)并且使滤纸上缘与漏斗壁完全吻合，不留缝隙。向漏斗内加液时，要用玻棒引导而且不应倒入过快，勿使液面超过滤纸上缘。较粗的过滤可用脱脂棉或纱布代替滤纸。有时以离心沉淀法代替过滤法可达到省时、快捷的目的。

六、离心沉淀法

欲使沉淀与母液分开，过滤和离心都可以达到目的，但是当样品沉淀黏稠，或颗粒小得可以通过滤纸时，则需选用离心法。特别是溶液量少又需定量测定时，离心分离法更具优越性。离心分离是利用离心力将悬浮液中的悬浮微粒快速沉降，借以分离比重不同的各种物质成分的方法，是实验室常规采用的技术。

离心机种类很多，转速少于6000转/分的为低速离心机；转速介于6000～25 000转/分之间的为高速离心机；转速超过30 000转/分的为超速离心机。根据离心机的用途不同，还可以将离心机分为分析离心机和制备离心机。其中制备离心技术又分为分级离心技术和密度梯度离心技术。本节将简要叙述一般离心机的使用方法(特殊用途的离心机请参阅相关的说明书)。

低速离心机的使用：

1. 离心前检查　取出所有套管，启动空载的离心机，观察是否转动平稳；检查套管有无软垫，是否完好，内部有无异物；离心管与套管是否匹配。

2. 离心原则

(1) 平衡：将一对离心管放入一对套管中，置于天平两侧，用滴管向较轻一侧的离心管与套管之间滴水至两侧平衡。

(2) 对称：将已平衡好的一对套管置于离心机中的对称位置。

3. 离心操作

(1) 对称放置配平的一对套管后，扣严离心机盖，开启电源。

(2) 调节转速调节钮，逐渐增加转速至所需值，当离心机转速达到要求时，开始计时。

(3) 达到离心时间后，缓慢将转速调回零。断开电源，当离心机自然停止后，取出离心管和离心套管。

(4) 倒去离心套管内的平衡用水，倒置于干燥处晾干。

4. 注意事项

(1) 离心机的启动、停止都要慢，否则离心管易破碎或造成液体从离心管中溅出。

(2) 离心过程中，若听到特殊响声，应立即停止离心，检查离心管。若离心管已碎，应清除并更换新管；若管未碎，应重新平衡。

(李 荷)

第二章　实验样品的制备与保存

一、血液样品的制备与保存

1. 全血的制备　取清洁干燥的试管或其他容器收集人或动物的新鲜血液后，立即与适量的抗凝剂充分混合，所得到的抗凝血即为全血。抗凝剂从血液中除去Ca^{2+}以防血液凝固，草酸盐与Ca^{2+}已形成草酸盐沉淀，NaF与Ca^{2+}形成CaF_2，柠檬酸与Ca^{2+}形成络盐。抗凝剂宜先配成水溶液，然后按取血量的需要加于试管或适当容器内，将其横放并转动，再蒸干水分(如加入肝素，样品温度不适宜超过30℃)，使抗凝剂在容器内形成薄层，利于血液与抗凝剂的均匀接触。

血液中加入抗凝剂的种类可以根据实验的需要进行选择：由于草酸盐溶解度大、用量少、性质稳定、价格低廉，所以实验室中常用草酸盐作为抗凝剂；柠檬酸盐对动物体无毒，若需将抗凝血回注动物体内时，宜用柠檬酸钠抗凝剂；氟化钠能抑制脲酶活性，因此用脲酶测定尿素时不宜用氟化钠作为抗凝剂；肝素是生理抗凝剂，效果较理想，但是价格比较贵。另外，抗凝剂的用量不宜过大，否则将影响实验的结果。针对1ml血液，常用抗凝剂的使用剂量如下：草酸钾或草酸钠1～2mg、柠檬酸盐5mg、氟化钠5～10mg、肝素0.1～0.2mg。

2. 血浆的制备　将抗凝血置于离心机中离心，使血细胞与血小板下沉，得到的上清液即为血浆，质量上乘的血浆应为淡黄色。血浆制备的过程中应避免产生溶血，所以采血必须采用干燥清洁的注射器、针头、试管或其他容器，取得全血后也要尽可能地避免剧烈振摇。

3. 血清的制备　制备血清的方法很简单：收集不加抗凝剂的血液，在室温下使其自然凝固(约需3h)，此时析出的草黄色液体即为血清。为促使血清尽快析出，必要时可以采用低温低速离心的方法缩短分离时间，此方法也可得到较多的血清。

制备血清同样要防止溶血，所以应当使用干燥清洁的器具，而且血清析出后宜用干净的玻璃棒轻轻分离血凝块与容器壁的黏连，及时吸取析出的血清。

4. 无蛋白血滤液的制备　在某些生物化学与分子生物学分析时，为避免蛋白质的干扰，常需用沉淀剂除去血液中的蛋白质，再离心或过滤，所得的上清或滤液即为无蛋白血滤液。实验室中常用福林-吴宪法制备无蛋白血滤液，此法以硫酸作为蛋白质沉淀剂，所得的血滤液常用于血糖、肌酐、非蛋白氮等成分的测定。另外，三氯乙酸也可以作为蛋白质沉淀剂，制得的血滤液酸性强，磷、钙等溶解，所以常用于测定血清中无机离子的含量。

5. 血液样品的保存　采集的血液样品如不能及时进行实验，必须进行适当的处理和保存，以防止其成分的改变。通常血液样品要保存于密闭的试管中，短时间(48h)内保存应置于4℃冰箱内，若需长时间保存则于–80℃冰箱中冻存。实验前应使样品解冻至室温，然后颠倒数次使血液充分混匀后方可进行实验。如需运输，短时运输(24h内)可置于4℃环境的保温箱内；若需较长时间(大于24h)的运输，需将样品冷冻处理后低温运输。

二、组织样品的制备与保存

离体不久的组织在适宜的温度和pH等条件下仍可以进行一定程度的物质代谢。因此在生物化学与分子生物学实验中，经常利用离体组织研究各种物质代谢途径和酶系的作用。另外，还可以从组织中分离和提取核酸、酶以及某些有意义的代谢物质。所以，如何处理动物组织是生物化学与分子生物学实验中的基本操作之一。

由于动物各种组织器官离体过久后会导致很多生理活性物质发生变化：如一些酶在久置后会变性失活；一些组织成分(如ATP、糖原等)的含量会明显降低。因此，离体组织的采集必须快速，并且尽快提取和测定。一般采用断头法处死动物，放出血液，立即取出所需脏器或组织，去除外层的脂肪和结缔组织之后，用冰冷生理盐水洗去血液，再用滤纸吸干，最后根据不同的实验目的用不同的方法制备不同的组织样品。

1. 组织糜的制备　迅速将组织剪碎，用捣碎机绞成糜状，或者加入少量黄砂于乳钵中，研磨至糊状。

2. 组织匀浆的制备　取一定量新鲜的组织剪碎，加入适量匀浆制备液(如生理盐水、缓冲液和0.25mol/L的蔗糖液等)，用高速电动匀浆器或者玻璃匀浆器捣碎组织。由于匀浆器的杵头在高速运转中会产生热量，因此在制备匀浆时，需将匀浆器置于冰水中。

3. 组织浸出液的制备　上述组织匀浆液再经过3000转/分离心15min，分离得到的上清液即为组织浸出液。

4. 组织样品的保存　不同使用目的的样品，保存方式和时间有所差异。用于科学研究的标本，在新鲜取材后，先用液氮冷冻，最后置于–80℃冰箱保存。用于普通染色观察的标本，可用4%甲醛常温固定，一般可以保存1个月。用于教学的标本，先暴露最显著病变部位，然后进行固定，可长期保存。

三、尿液的制备与保存

尿液中含有多种代谢产物，因此是生物化学实验特别是代谢组学研究中常用的实验材料。由于尿液所含化学物质的量往往随进食、进水、运动等很多情况而变化，所以做定量测定是常常需要收集24h的尿液。尿液应倒入有盖的清洁容器内，量出并记录尿液的总量，以便计算待测物质在尿液中的含量。临检时，尿液要摇匀，然后取出适量进行测定即可。

收集的尿液如不能立即进行实验，应采用–20℃冰箱保存。为防止尿液腐败变质而影响实验结果，可加入适当的防腐剂：通常在测定含氮物质时，用甲苯(5ml/L尿液)作防腐剂；而做激素的代谢物及无机盐测定时，应采用浓盐酸(5ml/L 尿液)作防腐剂。

(李春梅)

第三章 分光光度法

光是由光子所组成，光线就是高速向前运动的光子流，光的本质是一种电磁波，传播过程呈波动性质，具有波长和频率的特征。将电磁波按波长由短到长的顺序排列起来，即得：

γ射线＜X射线＜紫外线＜可见光＜红外线＜无线电波

人肉眼可见的光线称为可见光，波长范围在400～760nm，波长范围在200～400nm为紫外光区，波长范围在760～500 000nm为红外光区。可见光区的电磁波，因波长不同而呈现不同的颜色，这些不同颜色的电磁波称单色光，单色光并非单一波长的光，而是一定波长范围内的光，太阳及钨丝灯发出的白光，是各种单色光的混合光(复合光)，利用棱镜可将白光分成按波长顺序排列的各种单色光，即红、橙、黄、绿、青、蓝、紫等，这就是光谱。

一切物质都会对某些波长的光进行吸收，而物质对不同波长的射线，表现为不同的吸收现象，这一性质称为选择性吸收。有色溶液之所以呈现不同颜色，就是由于这种对光的选择性吸收所致。某些无色物质虽对可见光无吸收作用，但也能选择性地吸收在可见光范围外的部分光能，即可吸收特定波长的紫外线或红外线。物质的吸收光谱与它们本身的分子结构有关，不同物质由于其分子结构不同，对不同波长光线的吸收能力也不同。因此每种物质都具有其特异的吸收光谱，在一定条件下，其吸收程度与该物质浓度成正比。故可利用各种物质的不同的吸收光谱特征及其强度对不同物质进行定性和定量的分析。吸收光谱的测定可用来检测各种不同的物质。

分光光度技术，主要是利用物质特有的吸收光谱来鉴定物质性质及含量的技术，其理论依据是Lambert和Beer定律。

1. Lambert 定律(朗伯定律)　一束平行单色光垂直照射于一均匀物质(溶液)时，由于溶液吸收一部分光能，使光的强度减弱，若溶液的浓度不变，则液层厚度愈大，光线强度的减弱也愈显著。

2. Beer 定律(比尔定律)　当一束单色光通过一溶液时，光能被溶液介质吸收一部分，若溶液的厚度不变，则溶液浓度愈大，光吸收愈大，透射光线强度的减弱也愈显著，光强度减弱的量与溶液浓度增加量成正比。

3. Lambert-Beer 定律(朗伯-比尔定律，又称吸收定律)　如果同时考虑吸收层的厚度和溶液浓度对光吸收的影响，则必须将朗伯定律和比尔定律合并起来，得 $A=KCL$ 即吸光度与溶液的浓度和液层的厚度的乘积成正比，这就是朗伯-比尔定律。

其中 K 为常数，又称消光系数(extinction coefficient)，表示物质对光线吸收的本领，其值因物质种类和光线波长而异，对于相同物质和相同波长的单色光则消光系数不变。A 为吸光度(光密度、消光度)，C 为溶液的浓度，L 为溶液的厚度。

4. 待测样品浓度计算 根据 lambert-Beer 定律，如果单色光的波长、溶液的性质和溶液的厚度一定时，用一个已知浓度的标准液和一个未知浓度的待测液进行比色分析就可以得出下列运算公式：$A_{标}=K_{标}C_{标}L_{标}$　　$A_{样}=K_{样}C_{样}L_{样}$

由于是同一类物质及相同光径，$K_{样}=K_{标}$　　$L_{样}=L_{标}$

$$故\quad A_{样}/A_{标}=K_{样}C_{样}L_{样}/K_{标}C_{标}L_{标}=C_{样}/C_{标}$$

$$C_{样}=[A_{样}/A_{标}]\times C_{标}$$

式中 $C_{样}$为待测样品浓度，$A_{样}$为待测样品吸光度。$C_{标}$为标准溶液浓度，$A_{标}$为标准溶液吸光度。

根据上式可知，对于相同物质和相同波长的单色光(消光系数不变)来说，溶液的吸光度和溶液的浓度呈正比。故已知标准溶液的浓度及吸光度按公式可算出测试样品溶液的浓度。

一、分光光度计的结构

分光光度计的种类很多，其基本原理及结构基本相似，一般都包括下列几个部件，如图 1-3-1 所示。

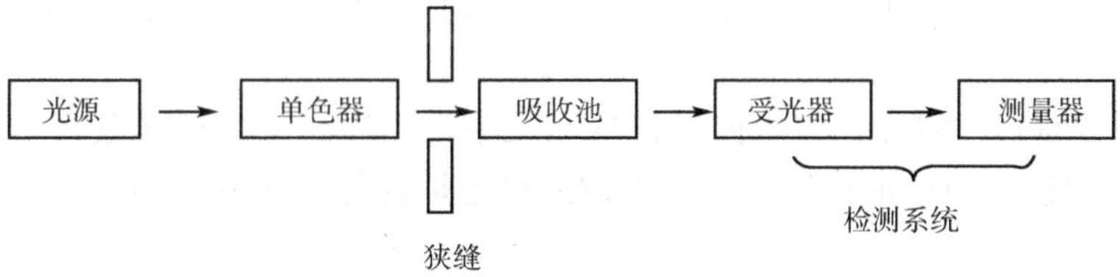

图 1-3-1 分光光度计结构

1. 光源 一个良好的光源要求具备发光强度高、光亮均匀、稳定、光谱范围较宽和使用寿命长等特点。

分光光度计上常用的光源有钨灯和氢灯(或氘灯)，前者适用于 340～900nm 范围的光源，后者适宜于 200～360nm 的紫外光区，为了使发出的光线稳定，光源的供电需要由稳压电源供给。

2. 单色器 单色器是将混合光波分解为单一波长光的装置，多用棱镜或光栅作为色散元件，它们能在较宽光谱范围内分离出相对纯波长的光线，通过此色散系统可根据需要选择一定波长范围的单色光，单色光的波长范围愈狭，仪器的敏感性愈高，测量的结果愈可靠。

3. 狭缝 狭缝是由一对隔板在光通路上形成的缝隙，通过调节缝隙的大小调节入射单色光的强度，并使入射光形成平行光线，以适应检测器的需要，分光光度计的缝隙大小是可调的。

4. 吸收池(或称比色杯、比色皿、比色池) 一般由玻璃或石英制成。

在可见光范围内测量时，选用光学玻璃吸收池；在紫外线范围内测量时必须用石英池。

比色杯的质量是取得良好分析结果的重要条件之一，吸收池上的指纹、油污或壁上的一些沉积物，都会影响其透光性从而造成测量误差，因此务必注意仔细操作并及时清洗比色杯并保持其清洁。

5. 检测系统 主要由受光器和测量器两部分组成。常用的受光器有光电池、真空光电管或光电倍增管等。它们可将接收到的光能转变为电能，并应用高灵敏度放大装置，将弱电流放大，提高敏感度。通过测量所产生的电能，由电流计显示出电流的大小，在仪表上可直接读得 A 值，T 值。较高级的现代仪器，还常附有电子计算机及自动记录仪，可自动描出吸收曲线。

二、722 分光光度计的基本操作

1. 预热 为使仪器内部达到热平衡，开机后预热时间不小于 30min。

2. 调节波长 通过旋转波长调节手轮可以改变仪器的波长显示值(顺时针方向旋转波长调节手轮波长显示值增大，逆时针方向旋转则显示值减少)。

3. 置参比样品和待测样品 选择测试用的比色皿；把盛好参比样品和待测样品的比色皿放到四槽位样品架内；用样品架拉杆来改变四槽位样品架的位置，当拉杆到位时有定位感，到位时请前后轻轻推拉一下以确保定位正确。

4. 置 0%(T) 将黑体置入四槽位样品架中，用样品架拉杆来改变四槽位样品架的位置，使黑体遮断光路后，按“0%ADJ”键即能自动置 0%(T)，一次未到位可加按一次。

5. 置 100%(T) 将用作参比的样品置入样品室光路中，关盖后按“100%ADJ”键即能自动置 100%(T)，一次未到位可加按一次。

6. 改变操作模式 本仪器设置有四种操作模式，即透射比(测试透射比)、吸光度(测试吸光度)、浓度因子(设定浓度因子)、浓度直读(测试浓度和浓度直读)。

7. 运用 A-C (吸光度-浓度)标准曲线测定物质浓度：

(1) 开启电源将仪器预热 30min。

(2) 使用黑体调节“0%T”旋钮，使数字显示为“00.0”。

(3) 将装有溶液的比色皿放置比色架中。

(4) 旋动仪器波长手轮，把测试所需的波长调节至刻度线处。

(5) 盖上样品室盖，将参比溶液比色皿置于光路，调节透光率“100%T”旋钮，使数字显示为“100.0”(如果显示不到 100%，则可适当增加灵敏度的档数，同时应重复“步骤(2)”，调整仪器的“0.00”)

(6) 将被测溶液置于光路中，将选择开关置于 A，显示值即为试样的吸光度 *A* 值。

【思考题】

试述分光光度法的理论依据及其应用。

(何震宇)

第四章 层析法

层析技术是近代生物化学最常用的分离技术之一。层析系统包括两相，一个为固定相，另一个为流动相。当流动相流过加有样品的固定相时，由于样品各组分的理化性质(吸附力、分子形状和大小、分子极性、分子亲和力、分配系数等)的差异，受固定相的阻力与流动相的推力的影响不同，各组分在固定相与流动相之间的分配也不同，从而使各组分以不同的速度移动而达到分离的目的。配合相应的光学、电学和电化学检测手段，可用于定性、定量和纯化某种物质，其纯度高达 99%。层析法是分离率、灵敏度(pg～fg 级)、选择性均高的一种分离方法，尤其适合样品含量少而杂质含量多的复杂生物样品的分析。

固定相可以是固体也可以是液体，但这个液体必须附载在某个固体物质上，该物质称载体或担体(support)。流动相可以是液体也可以是气体。

一、分　类

1. 按层析原理分类

(1) 吸附层析(adsorption chromatography)：固定相是固体吸附剂，利用各组分在吸附剂表面吸附能力的差别而分离。

(2) 分配层析(partition chromatography)：固定相为液体，利用各组分在两液相中分配系数的差别或溶解度不同使物质分离。

(3) 离子交换层析(ion exchanger chromatography)：固定相为离子交换剂，利用各组分对离子交换剂的亲和力不同而进行分离。

(4) 凝胶层析(gel chromatography)：固定相为多孔凝胶，利用各组分在凝胶上受阻滞的程度不同而进行分离。

(5) 亲和层析(affinity chromatography)：根据生物特异性吸附进行分离，固定相只能和一种待分离组分有高度特异性的亲和能力者结合，而与无结合能力的其他组分分离。

2. 按操作方式不同分类

(1) 纸层析(paper chromatography)：以滤纸作为液体的载体，点样后，用流动相展开，以达到组分分离目的。

(2) 薄层层析(thin layer chromatography)：以一定颗粒度的不溶性物质，均匀涂铺在薄板上，点样后，用流动相展开，使组分达到分离。

(3) 柱层析(column chromatography)：将固定相装柱后，使样品沿一个方向移动，以达到分离目的。

二、纸 层 析

用滤纸作为支持物的层析法，称为纸层析。纸层析结果的好坏除了与选用展开剂的种类、实验中的点样量多少、点样时是否扩散和实验条件是否稳定有关外，还与所用层析滤纸的质量好坏密切相关。对层析用滤纸的要求是：质地均匀、厚薄均一、机械强度好、平整、无折痕、无明显纵向和横向纸纹等。层析常用的滤纸有 Whatman 和国产新华层析滤纸。根据层析快慢及纸厚度可分若干型号。新华层析滤纸的规格和性能见表 1-4-1。

表 1-4-1 新华层析滤纸的规格和性能

<table>
<tr><th>型号</th><th>厚度(mm)</th><th>性能</th><th>备注</th></tr>
<tr><td>1</td><td>0.17</td><td>快速</td><td rowspan="6">1. 快速滤纸，因纸质疏松，斑点易扩散，适合于 R_f 值较大的样品和黏度较大的展开剂
2. 慢速滤纸，斑点不易扩散，适合于 R_f 值较小的样品和黏度较小的展开剂，但展开时间较长
3. 新华 2、5 号滤纸相当于 Whatman Ⅰ和Ⅲ号层析滤纸</td></tr>
<tr><td>2</td><td>0.16</td><td>中速</td></tr>
<tr><td>3</td><td>0.15</td><td>慢速</td></tr>
<tr><td>4</td><td>0.34</td><td>快速</td></tr>
<tr><td>5</td><td>0.32</td><td>中速</td></tr>
<tr><td>6</td><td>0.30</td><td>慢速</td></tr>
</table>

由于纸层析是以滤纸作为惰性支持物。滤纸纤维与水有较强的亲和力，约能吸收 20%～22%的水，其中部分水与纤维素羟基以氢键形式存在，而滤纸纤维与有机溶剂的亲和力很小，所以滤纸的结合水为固定相，以水饱和的有机溶剂为流动相(展开剂)。当流动相沿滤纸经过样品点时，样品点上的溶质在水和有机相之间不断进行溶液分配，各种组分按其各自的分配系数进行不断分配，从而使物质得到分离和纯化。溶质在纸上的移动速度可用迁移率 R_f(relative flow rate)值表示：

$$R_f = \frac{\text{原点到斑点中心的距离}}{\text{原点到溶剂前沿的距离}}$$

可以根据测出的 R_f 值来判断层析分离的各种物质，当与标准品在同一标准条件下测得 R_f 值进行对照，即可确定该层析物质。

影响 R_f 值的因素有很多，除被分离组分的化学结构、样品和溶剂的 pH、层析中温度等外，流动相(展开剂)的极性也是一个重要因素。展开剂极性大，则极性大的物质有较大 R_f 值，极性小的物质 R_f 值亦小，反之亦然。常用流动相的极性大小依次排列如下：

水＞甲醇＞乙醇＞丙酮＞正丁醇＞乙酸乙酯＞氯仿＞乙醚＞甲苯＞苯＞四氯化碳＞环己烷＞石油醚

层析时，流动相不应吸取滤纸中的水分，否则改变分配平衡，影响 R_f 值。所以多数采用水饱和的有机溶剂如水饱和的正丁醇，被分离物质的不同，选择的流动相也不同。

纸层析法既可定性又可定量。定量方法一般采用剪洗法和直接比色法两种。剪洗法是将组分在滤纸上显色后，剪下斑点，用适当溶剂洗脱后，用分光光度计法定量测定。直接比色法是用层析扫描仪直接在滤纸上测定斑点大小和颜色深度，绘出曲线并可自动积分，计算结果。

为了提高分辨率，纸层析可用两种不同的展开剂进行双向展层，双向纸层析一般把滤纸裁成长方形或方形，一角点样，先用一种溶剂系统展开，吹干后，转90度，再用第二种溶剂系统进行第二次展开。这样，单向纸层析难以分离清楚的某些物质(R_f值很接近)，通过双向纸层析往往可以获得比较理想的分离效果。

三、薄层层析

薄层层析是利用玻璃板、塑料板、铝板、聚酰胺膜等作为固定相的载体，在板上涂一薄层不溶性物质为固定相，再把样品涂铺在薄层的一端，然后用合适的溶剂作为流动相(展开剂)。薄层层析因固定相涂布物质的不同，可分成吸附薄层层析、离子交换薄层层析和分配薄层层析等三种。通常说的薄层层析就是指吸附薄层层析。有关薄层层析的基本原理与 R_f的计算与纸层析基本相似。现就薄层层析时应注意的事项简述如下：

1. 吸附剂的选择　吸附剂的选择是否合适是吸附层析的关键。常用吸附剂有硅胶、氧化镁、氧化铝、硅藻土、纤维素等。硅胶为微酸性吸附剂，适合分离酸性和中性物质；氧化铝和氧化镁是微碱性吸附剂，适合分离碱性和中性物质；硅藻土和纤维素为中性吸附剂，适合分离中性物质。

2. 吸附能力　一般用活度来表示吸附剂的吸附能力。吸附能力主要受吸附剂含水量的影响。其由强到弱程度以Ⅰ、Ⅱ、Ⅲ、Ⅳ、Ⅴ表示。吸附剂活度强时，能吸附极性较小的基团；吸附剂活度弱时，对非极性基团吸附能力也较强。一般利用加热烘干的办法，减少吸附水分，从而增强其活度。通常，分离水溶性物质时，因其本身具有较强极性，故吸附剂要弱一些；相反，分离脂溶性物质时，吸附剂活度要强一些。

3. 颗粒大小　无论哪一种薄层层析，其吸附剂颗粒的大小和均匀性，是保证每次实验保持 R_f 值恒定的基础，一般使用吸附剂颗粒直径为无机类 0.07～0.1mm(150～200 目)，有机类 0.1～0.2mm(70～140 目)。颗粒太粗，层析时溶剂推进快，但分离效果差，而颗粒太细，层析时展开太慢，易产生斑点不集中并有拖尾现象。

薄层层析的优点是：设备简单，操作容易，层析展开时间短，分离效率高，可用腐蚀性的显色剂并可在高温下显色。

纸层析和薄层层析均可用于氨基酸、肽、核苷酸、糖类、脂类和激素等物质的分离和鉴定。

四、离子交换层析

离子交换层析是利用离子交换剂对各种离子有不同的亲和力来分离混合物中各种离子的层析技术。作为固定相的离子交换剂，根据其不溶性物质(母体的化学本质)可以分为以下几类：

第一类是在纤维素分子结构上连接一定的离子交换基团生成的离子交换纤维素。如 DEAE-纤维素(二乙基氨乙基纤维素)、羧甲基(CM)纤维素、TEAE-纤维素(三乙基氨乙基纤维素)、GE-纤维素(胍乙基纤维素)等。

第二类以不溶性的人工合成高分子为母体的离子交换树脂。如华东强酸阳 42#、强酸 732、AmberliteIR-100、Dowex 50、AmberliteIRC-50、神胶 800 等。

第三类是以葡聚糖凝胶为母体，结合一定的离子基团生成的离子交换葡聚糖凝胶。如 DEAE-Sephadex A25、A50，CM-Sephadex C25，SP-Sephadex C25，QAE-SephadexA25、A50 等。

以上各类离子交换剂，还可根据其所含酸性或碱性基团的解离能力的强弱，可进一步分成强酸型和弱酸型以及强碱型和弱碱型。

离子交换剂的作用原理如下：

阳离子交换剂分子中具有酸性基团，能和流动相中的阳离子进行交换。

$$R{-}SO_3{-}H^+ + Na^+ \rightleftharpoons R{-}SO_3{-}Na^+ + H^+$$

阴离子交换剂分子中具有碱性基团，能和流动相中的阴离子进行交换。

$$R{-}N^+(CH_3)_3OH^- + Cl^- \rightleftharpoons R{-}N^+(CH_3)_3Cl^- + OH^-$$

流动相中，不同离子化合物带电荷多少不同，与离子交换剂相互作用的强弱也不同，当它们被结合到固定相交换基团上以后，可以用提高流动相中离子强度或改变 pH 的办法，把它们从离子交换柱上依次洗脱下来，达到分离纯化的目的。在实际工作中，可根据被分离物质所带电荷的种类、分离物分子的大小、数量等选用适当类型的离子交换剂。

离子交换层析时应注意以下几点：

1. 选择合适的离子交换树脂　被分离的物质为无机阳离子或有机碱时，选用阳离子交换树脂；若是无机阴离子或有机酸时，选用阴离子交换树脂。交换树脂颗粒大小：离子交换树脂多为 200～400 目，纤维素离子交换剂为 100～325 目。分离用的树脂一般以直径较小为宜，因粒度小，表面积大，分离效率高。但粒度过小，装柱时太紧密，流速慢，需提高洗脱压力。

2. 交换剂的处理　离子交换树脂出厂时为干树脂，使用时需用水或溶液浸透使其充分吸水溶胀，然后减压去气泡。倾去浮在溶液中的小颗粒树脂，再用去离子水洗至澄清，使用前用所需的 pH 和离子强度的缓冲液平衡，纤维素交换剂使用前处理原则基本同上。离子交换树脂和纤维素交换剂，均可再生后反复使用。再生方法为交换树脂使用后，将交换树脂泡入稀酸或稀碱溶液中，一段时间后用蒸馏水洗至中性；或用稀酸、稀碱缓缓流过交换柱，然后再洗至中性。离子交换纤维素使用后用 2mol/L NaOH 洗涤，然后用水洗净碱液，再用缓冲液平衡，供下次实验用。

3. 装柱　一般层析柱选择的原则是柱的高度与直径之比以 10∶1 到 20∶1 为宜。装柱方法一般采用重力沉降法，其关键是交换剂在柱内必须分布均匀，严防脱节和产生气泡，柱中交换剂表面必须平整。

4. 洗脱　一般是根据所用洗脱液比吸附物质具有更活泼的离子或基团，从而把吸附物质顶替出来，利用此原则选择各种洗脱液。若分离的是非单一物质，除正确选择洗脱液外，还可采用控制流速和分段收集的方法获得尽可能的单一物质。对一些复杂组分的分离，可采用浓度梯度洗脱或 pH 梯度洗脱。

五、凝 胶 层 析

凝胶是一类具有三维空间多孔网状结构的干燥颗粒，当吸收一定量溶液后溶胀成一种柔软富有弹性，不带电荷，不与溶质相互作用的惰性物质，以它作为固定相的层析称为凝胶层析。层析用的凝胶大多为人工合成。目前应用最多的为葡聚糖凝胶(Sephadex)，它是一种次环氧氯丙烷作交联剂交联聚合而成的右旋糖苷珠形聚合物。聚合物具有主体多糖网状结构，其网孔大小与交联度有关，交联度越大，网状结构越致密，网孔的孔径越小，交联度越小，网状结构越疏松，网孔的孔径越大。由于被分离物质的分子大小(直径)和形状不同，洗脱时，大分子物质由于直径大于凝胶网孔不能进入凝胶内部，只能沿着凝胶颗粒间的孔隙，随溶剂向下移动，因此流程短，首先流出层析柱，而小分子物质，由于直径小于凝胶网孔，能自由进出胶粒网孔，使之洗脱时流程增长，移动速度慢而最后流出层析柱。可见凝胶层析中的凝胶起着分子筛的作用，因而又称为分子筛层析，或排阻层析。

葡聚糖凝胶(Sephadex)不溶于水，但能吸水膨胀，其吸水量与交联度成反比，在 Sephadex 后面缀上 G-X 作为交联度的标记。交联度越小，吸水量越大，*X* 值越大。实际上 *X* 值约为该胶粒吸水量的 10 倍。例如：Sephadex G-50 和 G-100，吸水量分别为 5ml/g 凝胶与 10ml/g 凝胶。此外交联度大，机械强度大，较能容忍较高压力，易采用高流速；而交联度小的如 SephadexG-150，G-200，则机械强度小，易被压缩。使用时流速需慢些，一般每分钟流速不大于 2.0ml。

此外尚有以 *N*,*N'*-亚甲基双丙烯酰胺为交联剂将丙烯酰胺聚合而成的聚丙烯酰胺凝胶，其商品名为生物胶 P(Bio-Gel P)；琼脂糖凝胶是由 *D*-乳糖和 3，6 位脱水 *L*-半乳糖残基组成的多聚糖，市售有 Bio-Gel A 和 Sepharose；交联琼脂糖(Sepharose CL-2B，Sepharose CL-4B 及 Sepharose CL-6B)等。各种凝胶由于交联剂的种类和比例不同，因而同一类凝胶可分成若干种类，分离大分子物质的性能也不一样。使用时必须根据被分离物质分子的大小、形状和分离目的选择不同类型的凝胶。

六、亲和层析

亲和层析是以能与生物高分子进行特异结合的配基作为固相对混合物中某一生物高分子进行一次性分离纯化的层析技术。

生物高分子具有能与其结构相对应的专一分子进行可逆性结合的特性。如：酶与底物、产物、辅酶、抑制剂和变构调节剂结合，激素与受体结合，抗原与相对的抗体结合，RNA 与互补的 DNA 结合等。把作为配基(载体)的专一分子(如酶的底物、辅酶，抗原的互补抗体)以共价键连接到不溶性载体(如纤维素、葡聚糖凝胶)上，使之固相化，然后将固相化的载体装入层析柱，作为层析的固定相，把含有一种或数种生物高分子(如蛋白质)混合液加到柱上，这时混合物中只能与不溶性配基具有高度亲和性的蛋白质被吸留，其他不能与配基结合的蛋白质则不受阻碍地直接从柱中流出。再用缓冲溶液洗脱粘附在配基表面的非亲和吸附物，改变洗脱液，把特异吸附的蛋白质从不溶性配基上解离和洗脱下来。

作为配基(载体)最广泛应用的是琼脂糖凝胶，制品有珠状琼脂糖凝胶(Sepharose 2B、4B 和 6B)，活化后即可作为亲和吸附的载体。如 AH-Sepharose 4B；CH-Sepharose 和活化的 CH-Sepharose 4B 等。其中溴化氰(CNBr)活化的 Sepharose 4B 是亲和层析中使用最广泛的载体。

(罗少洪)

第五章 电 泳 法

带电粒子在电场中的移动称为电泳(electrophoresis)。1809 年俄国物理学家 Pehce 首次发现电泳现象。1909 年 Michaelis 首次在 U 形管中测定了蔗糖转化酶和过氧化氢酶的电泳移动和等电点。1937 年瑞典科学家 Tiselius 制成了电泳仪，并建立了研究蛋白质的移动界面电泳方法，从而获得了 1948 年的诺贝尔化学奖。之后，利用各种固体物质(如各种滤纸、醋酸纤维素薄膜、琼脂凝胶、淀粉凝胶、聚丙烯酰胺凝胶等)作为支持介质的区带电泳方法的建立，使得电泳技术得到迅速发展，成为鉴定各种生物大分子并分析其纯度的重要工具。

一、实 验 原 理

电泳是指带电颗粒在电场的作用下发生迁移的过程。电场对带电颗粒的作用力(F)，等于颗粒所带净电荷(Q)与电场强度(E)的乘积，即

$$F=QE$$

根据 Stokes 定律，粒子在溶液中运动所受的阻力(F')与粒子的运动速度(v)、球状分子大小(r)及介质的黏度(η)有关，即

$$F'=6\pi r\eta v$$

当带电分子匀速移动时，$F=F'$，即

$$QE=6\pi r\eta v$$

移项得：

$$v=\frac{QE}{6\pi\eta r}$$

由此可以看出，带电粒子在电场中的移动速度与其所带净电荷成正比，与分子的大小和溶液的黏度成反比。

二、影 响 因 素

1. 待分离物质的性质　待分离生物大分子所带的电荷、分子大小和性质都会对电泳有明显影响。一般来说，分子带的电荷量越大、直径越小、形状越接近球形，则其电泳迁移速度越快。

2. 缓冲液的性质　缓冲液的 pH 直接影响待分离生物大分子的解离程度，从而对其带电性质产生影响。溶液 pH 距离其等电点愈远，其所带净电荷量就越大，电泳的速度也就越大，尤其对于蛋白质等两性分子，缓冲液 pH 还会影响到其电泳方向，当缓冲液 pH 大于蛋白质分子的等电点，蛋白质分子带负电荷，其电泳的方向是指向正极。为了保持电泳过程中待分离生物大分子的电荷以及缓冲液 pH

的稳定性，缓冲液通常要保持一定的离子强度，一般在 0.02～0.2，离子强度过低，则缓冲能力差，但如果离子强度过高，会在待分离分子周围形成较强的带相反电荷的离子扩散层(即离子氛)，由于离子氛与待分离分子的移动方向相反，它们之间产生了静电引力，因而引起电泳速度降低。另外缓冲液的黏度也会对电泳速度产生影响。

3. 电场强度　电场强度(V/cm)是每厘米长度的电位降，也称电位梯度。电场强度越大，电泳速度越快。但增大电场强度会引起电流强度增大，造成电泳过程产生的热量增大，导致介质温度升高。过高的温度可引起蛋白质等物质的变性，还可引起介质黏度降低、电阻下降等等，都会影响物质的分离。所以，高压电泳时(＞50V/cm)常用冷却装置以维持恒温。

4. 电渗　液体在电场中对于固体支持介质的相对移动，称为电渗现象。由于支持介质表面可能会存在一些带电基团，如滤纸表面通常有一些羧基，琼脂可能会含有一些硫酸基，而玻璃表面通常有 Si—OH 基团等等。这些基团电离后会使支持介质表面带电，吸附一些带相反电荷的离子，在电场的作用下向电极方向移动，形成介质表面溶液的流动，这种现象就是电渗(图 1-5-1)。在 pH 高于 3 时，玻璃表面带负电，吸附溶液中的正电离子，引起玻璃表面附近溶液层带正电，在电场的作用下，向负极迁移，带动电极液产生向负极的电渗流。如果电渗方向与待分离分子电泳方向相同，则加快电泳速度；如果相反，则降低电泳速度。

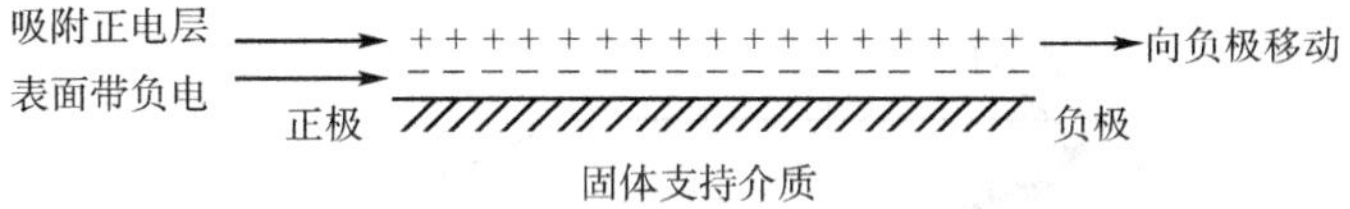

图 1-5-1　电渗示意图

5. 支持介质的筛孔　支持介质的筛孔大小对待分离生物大分子的电泳迁移速度有明显的影响。在筛孔大的介质中泳动速度快，反之，则泳动速度慢。

三、基 本 分 类

1. 按有无支持物可分为：

(1) 自由界面电泳。

(2) 区带电泳。

2. 按支持介质的不同可分为：

(1) 纸电泳。

(2) 醋酸纤维薄膜电泳。

(3) 琼脂糖凝胶电泳。

(4) 聚丙烯酰胺凝胶电泳。

(5) SDS-PAGE。

3. 按支持介质形状不同可分为：
(1) 薄层电泳。
(2) 板电泳。
(3) 柱电泳。
4. 按用途不同可分为：
(1) 分析电泳。
(2) 制备电泳。
(3) 定量免疫电泳。
(4) 连续制备电泳。
5. 按所用电压不同可分为：
(1) 低压电泳：100～500V，电泳时间较长，适于分离蛋白质等生物大分子。
(2) 高压电泳：1000～5000V，电泳时间短，有时只需几分钟，多用于氨基酸、多肽、核苷酸和糖类等小分子物质的分离。

四、纸 电 泳

纸电泳是用滤纸作支持介质的一种早期电泳技术(图 1-5-2)。尽管分辨率比凝胶介质要差，但由于其操作简单，所以仍有很多应用，特别是在血清样品的临床检测和病毒分析等方面有重要用途。

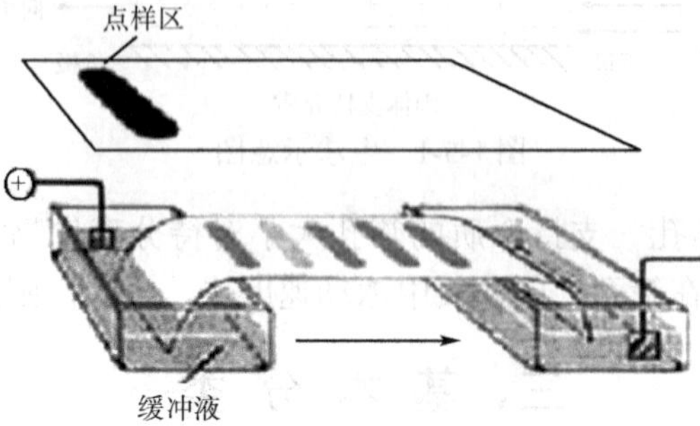

图 1-5-2 纸电泳示意图

纸电泳使用水平电泳槽。分离氨基酸和核苷酸时常用 pH 2～3.5 的酸性缓冲液，分离蛋白质时常用碱性缓冲液。选用的滤纸必须厚度均匀，常用国产新华滤纸和进口的 Whatman1 号滤纸。点样位置是在滤纸的一端距纸边 5～10mm 处。样品可点成圆形或长条形，长条形的分离效果较好。点样方法有干点法和湿点法。湿点法是在点样前将滤纸用缓冲液浸湿，样品液要求较浓，不可多次点样。干点法是在点样后再用缓冲液和喷雾器将滤纸喷湿，点样时可用吹风机吹干后多次点样。电泳时要选择好正、负极，电压通常使用 2～10V/cm 的低压电泳，电泳时间较长。对于氨基酸和肽类等小分子物质，则要使用 50～200V/cm 的高压电泳，但必须解决电泳时的冷却问题。

电泳完毕记下滤纸的有效使用长度，然后烘干，用显色剂显色。定量测定的方法有洗脱法和光密度法。洗脱法是将确定的样品区带剪下，用适当的洗脱剂洗脱后进行比色或分光光度测定。光密度法是将染色后的干滤纸用光密度计直接定量测定各样品电泳区带的含量。

五、醋酸纤维薄膜电泳

醋酸纤维薄膜电泳与纸电泳相似，只是换用了醋酸纤维薄膜作为支持介质。醋酸纤维薄膜是将纤维素的羟基乙酰化为醋酸酯，溶于丙酮后涂布成有均一细密微孔的薄膜，其厚度为0.1～0.15mm。

醋酸纤维薄膜电泳与纸电泳相比有以下优点：①醋酸纤维薄膜对蛋白质样品吸附极少，无“拖尾”现象，染色后蛋白质区带更清晰。②快速省时。由于醋酸纤维薄膜亲水性比滤纸小，吸水少，电渗作用小，电泳时大部分电流由样品传导，所以分离速度快，电泳时间短，完成全部电泳操作只需90min左右。③灵敏度高，样品用量少。可用于检测微量异常蛋白的改变。④应用广。可用于那些纸电泳不易分离的样品，如胎儿甲种球蛋白、溶菌酶、胰岛素、组蛋白等。⑤醋酸纤维薄膜电泳染色后，用乙酸、乙醇混合液浸泡后可制成透明的干板，有利于光密度计和分光光度计扫描定量及长期保存。

由于醋酸纤维薄膜电泳操作简单、快速、价廉，目前已广泛用于分析检测血浆蛋白、脂蛋白、糖蛋白、胎儿甲种球蛋白、体液、脊髓液、脱氢酶、多肽、核酸及其他生物大分子，为心血管疾病、肝硬化及某些癌症鉴别诊断提供了可靠的依据，因而已成为医学和临床检验的常规技术。

六、琼脂糖凝胶电泳

琼脂糖是从琼脂中提纯出来的，主要是由*D*-半乳糖和3,6脱水*L*-半乳糖连接而成的一种线性多糖。琼脂糖之间以分子内和分子间氢键形成较为稳定的交联结构，这种交联的结构使琼脂糖凝胶有较好的抗对流性质。琼脂糖本身没有电荷，但一些糖基可能会被羧基、甲氧基特别是硫酸根不同程度的取代，使得琼脂糖凝胶表面带有一定的电荷，引起电泳过程中发生电渗以及样品和凝胶间的静电相互作用，影响分离效果。市售的琼脂糖有不同的提纯等级，主要以硫酸根的含量为指标，硫酸根的含量越少，提纯等级越高。

琼脂糖凝胶可以用于蛋白质和核酸的电泳支持介质，尤其适合于核酸的提纯、分析。浓度为1%的琼脂糖凝胶孔径对于蛋白质来说是比较大的，适用于一些忽略蛋白质大小而只根据蛋白质天然电荷来进行分离的电泳技术，如免疫电泳、平板等电聚焦电泳等。琼脂糖也适合于DNA、RNA分子的分离、分析，由于DNA、RNA分子通常较大，所以在分离过程中会存在一定的摩擦阻碍作用，这时分子的大小会对电泳迁移率产生明显影响。另外，一些低熔点的琼脂糖可以在65℃时熔化，其中的样品如DNA可以重新回收。

七、PAGE

PAGE 是以聚丙烯酰胺凝胶作为支持介质。聚丙烯酰胺由单体丙烯酰胺(acrylamide)和交联剂甲叉双丙烯酰胺(*N*,*N*′-methylenebisacrylamide)聚合而成，这一聚合过程需要由自由基催化完成。常用的催化聚合方法有两种：化学聚合和光聚合。化学聚合通常是加入催化剂过硫酸铵(AP)以及加速剂四甲基乙二胺(TEMED)。

聚丙烯酰胺凝胶的孔径可以通过改变丙烯酰胺和甲叉双丙烯酰胺的浓度来控制，丙烯酰胺的浓度可以在3%～30%之间。低浓度的凝胶具有较大的孔径，可用于平板等电聚焦电泳或 SDS-PAGE 的浓缩胶，也可以用于分离 DNA；高浓度凝胶具有较小的孔径，对蛋白质有分子筛的作用，可用于分离分子量不同的蛋白质。

天然PAGE可以使生物大分子在电泳过程中保持其天然的形状和电荷，它们的分离是依据其电泳迁移率的不同和凝胶的分子筛作用，因而可以得到较高的分辨率，尤其是在电泳分离后仍能保持蛋白质和酶等生物大分子的生物活性，对于生物大分子的鉴定有重要意义。

聚丙烯酰胺凝胶的优点主要有：①可以随意控制胶浓度和交联度，从而得到不同的有效孔径，用于分离不同分子量的生物大分子。②能把分子筛作用和电荷效应结合在同一方法中，达到更高的灵敏度。③化学惰性好，电泳时不会产生“电渗”。④电泳分离的重复性好。⑤透明度好，便于照相和复印。机械强度好，有弹性，不易碎，便于操作和保存。⑥无紫外吸收，不染色就可以用于紫外波长的凝胶扫描做定量分析。⑦还可以用作固定化酶的惰性载体。

聚丙烯酰胺凝胶分离蛋白质最初是在玻璃管中进行的，玻璃管通常直径为7mm，长10cm，将凝胶装入到多个管中进行电泳，又称为柱状电泳。目前仍有应用，尤其用于二维电泳中的第一维电泳。但由于各个玻璃管的不同以及装胶时的差异使每管的分离条件会有所差异，所以对各管样品进行比较时可能会出现较大误差。后来发展起来的垂直平板电泳一次最多可以容纳20个样品，电泳过程中样品所处的条件比较一致，样品间可以进行更好的比较，重复性也更好，所以垂直平板电泳目前应用更为广泛，常用于蛋白质及DNA序列分析过程中DNA片段的分离、鉴定。

八、SDS-PAGE

SDS-PAGE 是最常用的定性分析蛋白质的电泳方法，特别是用于蛋白质纯度检测和测定蛋白质分子量。

SDS-PAGE 是在分析的电泳样品中加入含有 SDS 和 β-巯基乙醇的样品处理液。SDS 即十二烷基磺酸钠，是一种阴离子表面活性剂，它可以断开分子内和分子间的氢键，破坏蛋白质分子的二级和三级结构，强还原剂β-巯基乙醇可以断开半胱氨酸残基之间的二硫键，破坏蛋白质的四级结构。电泳样品加入样品处理液后，要在沸水浴中煮3～5min，使SDS与蛋白质充分结合，以使蛋白质完全变性和解聚，并形成棒状结构。SDS与蛋白质结合后使蛋白质-SDS复合物上带有大量的负电荷，平均每两个氨基酸残基结合一个SDS分子，这时各种蛋白质分子本身的电荷完全被SDS掩盖。这样就消除了各种蛋白质本身电荷上的差异。样品处理液中通常还加入溴酚蓝染料，用于控制电泳过程。另外样品处理液中也可加入适量的蔗糖或甘油以增大溶液密度，使加样时样品溶液可以沉入样品凹槽底部。

制备凝胶时首先要根据待分离样品的情况选择适当的分离胶浓度，例如通常使用的15%的聚丙烯酰胺凝胶的分离范围是10^4～10^5，即分子量小于10^4的蛋白质可以不受孔径的阻碍而通过凝胶，而分子量大于10^5的蛋白质则难以通过凝胶孔径，这两种情况的蛋白质都不能得到分离。所以如果要分离较大的蛋白质，需要使用低浓度的凝胶(孔径较大)；而分离较小的蛋白质，使用较高浓度的凝胶(孔径较小)可以得到更好的分离效果。分离胶聚合后，通常在上面加上一层浓缩胶(约1cm)，并在浓缩胶上插入样品梳，形成上样凹槽。浓缩胶是低浓度的聚丙烯酰胺凝胶，由于浓缩胶具有较大的孔径(丙烯酰胺浓度通常为3%～5%)，各种蛋白质都可以不受凝胶孔径阻碍而自由通过。浓缩胶通常pH较低(通常pH=6.8)，用于样品进入分离胶前将样品浓缩成很窄的区带。浓缩胶聚合后取出样品梳，上样后即可通电开始电泳。

PAGE和SDS-PAGE有两种系统，即只有分离胶的连续系统和具有浓缩胶与分离胶的不连续系统。不连续系统中最典型、国内外均广泛使用的是著名的Ornstein-Davis高pH碱性不连续系统，其浓缩胶丙烯酰胺浓度为4%，pH=6.8，分离胶的丙烯酰胺浓度为12.5%，pH=8.8。电极缓冲液pH=8.3，用Tris、SDS和甘氨酸配制。配胶的缓冲液用Tris、SDS和HCl配制。

SDS-PAGE还可以用于未知蛋白分子量的测定，在同一凝胶上对一系列已知分子量的标准蛋白及未知蛋白进行电泳，测定各标准蛋白的电泳距离(或迁移率)，并对各自分子量的对数(logMr)作图，即得到标准曲线。测定未知蛋白质的电泳距离(或迁移率)，通过标准曲线就可以求出未知蛋白的分子量(图1-5-3)。

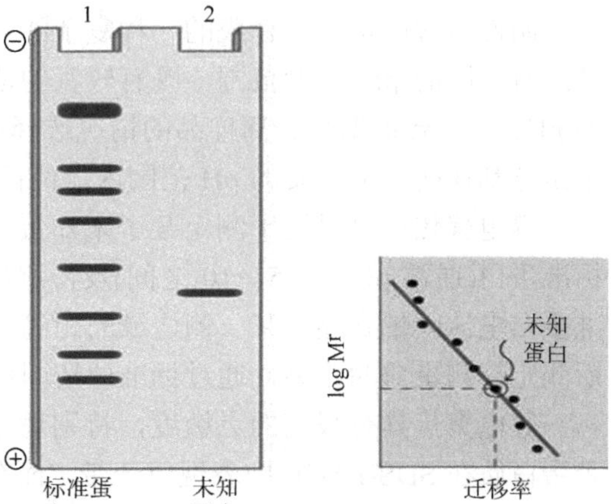

图1-5-3 SDS-PAGE测定未知蛋白分子量

SDS-PAGE经常应用于蛋白质提纯过程中纯度的检测，纯化的蛋白质通常在SDS电泳上应只有一条带，但如果蛋白质是由不同的亚基组成的，它在电泳中可能会形成分别对应于各个亚基的几条带。SDS-PAGE 具有较高的灵敏度，一般只需要不到微克量级的蛋白质，而且通过电泳还可以同时得到关于分子量的情况，这些信息对于了解未知蛋白及设计提纯过程都是非常重要的。

九、梯度凝胶电泳

梯度凝胶电泳也通常采用聚丙烯酰胺凝胶，但不是在单一浓度(孔径)的凝胶上进行，而是形成梯度凝胶。从凝胶顶部到底部丙烯酰胺的浓度呈梯度变化，如通常顶部凝胶浓度为 5%，底部凝胶浓度为 25%。凝胶梯度是通过梯度混合器形成的，高浓度的丙烯酰胺溶液首先加入到玻璃平板中，而后溶液浓度呈梯度下降，因此在凝胶的顶部孔径较大，而在凝胶的底部孔径较小。梯度凝胶电泳也通常加入 SDS，并有浓缩胶。电泳过程与 SDS-PAGE 基本类似。与单一浓度的凝胶相比，梯度凝胶有几个优点：①首先，梯度凝胶比单一浓度凝胶的分离范围更宽，可以同时分离较大范围分子量的蛋白质。②另一个优点是梯度凝胶可以分辨分子量相差较小，在单一浓度凝胶中不能分辨的蛋白质。由于梯度凝胶孔径逐步变小，在蛋白质不能通透的孔径附近对蛋白有浓缩作用，所以电泳后形成很窄的区带，可以分辨出分子量相差较小的蛋白质。③可以直接测定天然状态蛋白质的分子量而不需要解离为亚基，因此这一方法可以与 SDS-PAGE 测定分子量的方法互为补充。

十、等电聚焦电泳

等电聚焦电泳是根据两性物质等电点(pI)的不同而进行分离的，它具有很高的分辨率，可以分辨出等电点相差 0.01 的蛋白质，是分离两性物质如蛋白质的一种理想方法。等电聚焦的分离原理是在凝胶中通过加入两性电解质形成一个 pH 梯度，两性物质在电泳过程中会被集中在与其等电点相等的 pH 区域内，从而得到分离。

两性电解质是人工合成的一种复杂的多氨基-多羧基的混合物。不同的两性电解质有不同的 pH 梯度范围，既有较宽的范围如 pH3～10，也有各种较窄的范围如 pH7～8。要根据待分离样品的情况选择适当的两性电解质，使待分离样品中各个组分都在两性电解质的 pH 范围内，两性电解质的 pH 范围越小，分辨率越高。

等电聚焦还可以用于测定某个未知蛋白质的等电点，将一系列已知等电点的标准蛋白(通常 pI 在 3.5～10 之间)及待测蛋白质同时进行等电聚焦。测定各个标准蛋白电泳区带到凝胶某一侧边缘的距离对各自的 pI 作图，即得到标准曲线。而后测定待测蛋白的距离，通过标准曲线即可求出其等电点。

等电聚焦具有很高的灵敏度，特别适合于研究蛋白质微观不均一性，例如一种蛋白质在 SDS-PAGE 中表现单一带，而在等电聚焦中表现三条带。这可能是由于蛋白质存在单磷酸化、双磷酸化和三磷酸化形式。由于几个磷酸基团不会对蛋白质的分子量产生明显的影响，因此在 SDS-PAGE 中表现单一带，但由于它们所带的电荷有差异，所以在等电聚焦中可以被分离检测到。同工酶之间可能只有一两个氨基酸的差别，利用等电聚焦也可以得到较好的分离效果。由于等电聚焦过程中蛋白质通常是处于天然状态的，所以可以通过前面介绍的活性染色的方法对酶进行检测。等电聚焦主要用于分离分析，但也可以用于纯化制备。虽然成本较高，但操作简单、纯化效率很高。除了通常的方法，制备型等电聚焦也可以在垂直玻璃管中的梯度蔗糖溶液或颗粒状凝胶如 SephadexG-75 中进行。

十一、二维聚丙烯酰胺凝胶电泳

二维聚丙烯酰胺凝胶电泳(2D-PAGE)技术结合了等电聚焦技术(根据蛋白质等电点进行分离)以及 SDS-PAGE 技术(根据蛋白质的分子大小进行分离)。这两项技术结合形成的二维电泳是分离分析蛋白质最有效的一种电泳手段。在第二维电泳过程中，结合 SDS 的蛋白质从等电聚焦凝胶中进入 SDS-聚丙烯酰胺凝胶，在浓缩胶中被浓缩，在分离胶中依据其分子量大小被分离。这样各个蛋白质根据等电点和分子量的不同而被分离、分布在二维图谱上。细胞提取液的二维电泳可以分辨出 1000～2000 个蛋白质，有些报道可以分辨出 5000～10 000 个斑点，这与细胞中可能存在的蛋白质数量接近。由于二维电泳具有很高的分辨率，它可以直接从细胞提取液中检测某个蛋白。

十二、毛细管电泳

毛细管电泳(capillary electrophoresis，CE)又叫高效毛细管电泳(HPCE)，是近年来发展最快的分析方法之一。1981 年 Jorgenson 和 Lukacs 首先提出在 75nm 内径毛细管柱内用高电压进行分离，创立了现代毛细管电泳。1984 年 Terabe 等建立了胶束毛细管电动力学色谱。1987 年 Hjerten 建立了毛细管等电聚焦，Cohen 和 Karger 提出了毛细管凝胶电泳。1988～1989 年出现了第一批毛细管电泳商品仪器。短短几年内，由于 CE 符合了以生物工程为代表的生命科学各领域中对多肽、蛋白质(包括酶、抗体)、核苷酸乃至脱氧核糖核酸(DNA)的分离分析要求，得到了迅速的发展。CE 是经典电泳技术和现代微柱分离相结合的产物。CE 的优点可概括为三高二少：①高灵敏度，常用紫外检测器的检测限可达 10^{-13}mol～10^{-15}mol，激光诱导荧光检测器则达 10^{-19}mol～10^{-21}mol；②高分辨率，其每米理论塔板数为几十万，高者可达几百万乃至千万；③高速度，最快可在 60s 内完成，在 250s 内分离 10 种蛋白质，1.7min 分离 19 种阳离子，3min 内分离 30 种阴离子；④样品少，只需 nl(10^{-9}L)级的进样量；⑤成本低，只需少量(几毫升)流动相和价格低廉的毛细管。由于以上优点以及分离生物大分子的能力，使 CE 成为近年来发展最迅速的分离分析方法之一。

(何凤田　周　鹏)

第二篇 生物化学与分子生物学实验

第一章 蛋白质化学

实验一 Folin 酚试剂法测定蛋白质含量

【目的】

掌握 Folin 酚试剂法测定蛋白质含量的原理和操作方法。

【原理】

Folin-酚试剂法是蛋白质含量测定法最灵敏的方法之一。其显色原理为在碱性条件下，蛋白质中的肽键与铜离子结合生成复合物。Folin-酚试剂中的磷钼酸盐-磷钨酸盐被蛋白质中的酪氨酸和苯丙氨酸残基还原，产生蓝色化合物(钼蓝和钨蓝的混合物)。在一定的条件下，蓝色深度与蛋白质的量成正比。

Lowry 最早确定了 Folin-酚试剂法测定蛋白质浓度的基本步骤，以后在生物化学领域得到了广泛的应用。这个测定法的优点是灵敏度高，比双缩脲法灵敏得多，缺点是费时间较长，要精确控制操作时间，标准曲线也不是严格的直线形式，且专一性较差，干扰物质较多。对双缩脲反应发生干扰的离子，同样容易干扰 Lowry 反应，而且对后者的影响还要大得多。酚类、柠檬酸、硫酸铵、Tris 缓冲液、甘氨酸、糖类、甘油等均有干扰作用。浓度较低的尿素(0.5%)、硫酸钠(1%)、硝酸钠(1%)、三氯乙酸(0.5%)、乙醇(5%)、乙醚(5%)、丙酮(0.5%)等溶液对显色无影响，但这些物质浓度高时，必须作校正曲线。含硫酸铵的溶液，只需加浓碳酸钠-氢氧化钠溶液，即可显色测定。若样品酸度较高，显色后会色浅，则必须提高碳酸钠-氢氧化钠溶液的浓度 1～2 倍。

进行测定时，加 Folin-酚试剂时要特别小心，因为该试剂仅在酸性 pH 条件下稳定，但上述还原反应只在 pH=10 的情况下发生，故当 Folin-酚试剂加到碱性的铜-蛋白质溶液中时，必须立即混匀，以便在磷钼酸-磷钨酸试剂被破坏之前，还原反应即能发生。

此法也适用于酪氨酸和色氨酸的定量测定。

此法可检测的最低蛋白质量达 5μg，通常测定范围是 20～250μg。

【试剂】

1. 试剂甲(碱性铜溶液)：

(1) 10g Na_2CO_3，2g NaOH 和 0.25g 酒石酸钾钠($KNaC_4H_4O_6 \cdot 4H_2O$)。溶解于500ml 蒸馏水中。

(2) 0.5g 硫酸铜($CuSO_4 \cdot 5H_2O$)溶解于 100ml 蒸馏水中，每次使用前，将 50 份(A)与 1 份(B)混合，即为试剂甲。

2. 试剂乙(酚试剂)　在 2L 磨口回流瓶中，加入 100g 钨酸钠($Na_2WO_4 \cdot 2H_2O$)，25g 钼酸钠($Na_2MoO_4 \cdot 2H_2O$)及 700ml 蒸馏水，再加 50ml85%磷酸，100ml 浓盐酸，充分混合，接上回流管，以小火回流 10h，回流结束时，加入 150g 硫酸锂(Li_2SO_4)，50ml 蒸馏水及数滴液体溴，开口继续沸腾 15min，以便驱除过量的溴。冷却后溶液呈黄色(如仍呈绿色，须再重复滴加液体溴的步骤)。稀释至 1L，过滤，滤液置于棕色试剂瓶中保存。使用时用标准 NaOH 滴定，酚酞作指示剂，然后适当稀释，约加水 1 倍，使最终的酸浓度为 1mol/L 左右。

3. 0.9 % NaCl 溶液。

4. 标准蛋白质溶液　精确称取结晶牛血清清蛋白或γ-球蛋白，溶于蒸馏水，浓度为 250 μg/ml。牛血清清蛋白溶于水若混浊，可改用 0.9 % NaCl 溶液。

5. 待测蛋白质样品液　用 0.9% NaCl 溶液稀释待测样品，使其蛋白质含量约为 20～250 μg/ml。

【器材】

721 分光光度计等。

【操作】

1. 取 7 支大试管，按表 2-1-1 操作：

表 2-1-1　加样操作表（单位：ml）

试剂	0	1	2	3	4	5	6(待测)
蛋白质标准液(250μg/ml)	0.00	0.20	0.40	0.60	0.80	1.00	0.00
待测蛋白质样品液	0.00	0.00	0.00	0.00	0.00	0.00	1.00
0.9%NaCl 溶液	1.00	0.80	0.60	0.40	0.20	0.00	0.00
碱性铜溶液	5.00	5.00	5.00	5.00	5.00	5.00	5.00
处理	混匀后于室温(25℃)放置 20min						
酚试剂	0.50	0.50	0.50	0.50	0.50	0.50	0.50
相当于蛋白质浓度(μg/ml)	0	50	100	150	200	250	?

2. 在室温下放置 30min，以未加蛋白质溶液的第一支试管作为空白对照，于650nm 处测定各管中溶液的吸光度值。

【结果处理】

1. 以蛋白质的浓度为横坐标，吸光度值为纵坐标，绘制标准曲线。

2. 从标准曲线上查出待测样品蛋白质浓度，计算其蛋白质含量。

【注意事项】

1. 各管加酚试剂后要迅速摇匀，不应出现混浊。

2. 由于各种蛋白质含有不同量的酪氨酸和苯丙氨酸，显色的深浅往往随不同的蛋白质而变化。因而本法通常只适用于测定蛋白质的相对浓度(相对于标准蛋白质)。

【思考题】

1. 与其他蛋白质含量测定方法相比，Folin-酚试剂法有何优缺点？

2. 含有什么氨基酸残基的蛋白质能与Folin-酚试剂呈蓝色反应？

(李　荷)

实验二　BCA 法测定蛋白质浓度

【目的】

1. 掌握 BCA 法测定蛋白质浓度的基本原理。

2. 掌握 BCA 法测定蛋白质浓度的实验操作技术。

【原理】

4,4′二羧酸-2,2′-喹啉(2,2′-bicinchoninic acid，BCA)法进行蛋白质定量检测，是目前科研实验室中广为应用的一种蛋白质定量方法。BCA 法的测定原理与 Folin-酚试剂法类似，简述如下：蛋白质在碱性环境下，与 Cu^{2+} 络合，并将 Cu^{2+} 还原为 Cu^{+}，BCA 试剂与 Cu^{+} 结合，形成稳定的紫蓝色络合物，在波长 562nm 的可见光处，有特异性吸收峰，其吸光值与蛋白质浓度在较大的浓度范围内具有良好的线性关系，利用这个原理可进行蛋白质浓度测定。

反应式如下：

$$\text{蛋白质} + Cu^{2+} + \text{BCA 试剂} \longrightarrow \text{紫蓝色络合物}$$

【试剂】

1. BCA 试剂 A：1% BCA 二钠盐、2%无水碳酸钠、0.16%酒石酸钠、0.4% 氢氧化钠、0.95% 碳酸氢钠，混合后，采用固体碳酸氢钠调节 pH 为 11.25。

2. BCA 试剂 B：4%硫酸铜溶液。

3. BCA 工作液：将 BCA 试剂 A 和 BCA 试剂 B 按照体积比为 50∶1 混合，临用前配制。

4. 蛋白质标准液：250 μg/ml 结晶牛血清白蛋白-生理盐水溶液。

【器材】

刻度吸管、恒温水浴箱、722 型分光光度计、大试管若干。

【操作】

1. 取大试管 7 只，按表 2-1-2 操作：

表 2-1-2　加样操作表(单位：ml)

试剂	空白管	测定管	标准管				
			1	2	3	4	5
蛋白质标准液(250μg/ml)	0.0	0.0	0.2	0.4	0.6	0.8	1.0
蒸馏水	1.0	0.0	0.8	0.6	0.4	0.2	0.0
蛋白质待测液	0.0	1.0	0.0	0.0	0.0	0.0	0.0
BCA 工作液	2.0	2.0	2.0	2.0	2.0	2.0	2.0

2. 将各大试管混匀充分，37℃恒温水浴箱保温 30min，采用 722 型分光光度计，选择波长为 562nm，测定各管溶液的吸光值，每管样品重复测定 2 次，记录实验数据。

3. 利用坐标纸，以蛋白质浓度为横坐标，以 562nm 处的各个样品的吸光值平均值为纵坐标，绘制标准曲线。

4. 利用测定管的吸光值和绘制的标准曲线，查得待测样品的蛋白质浓度。

5. 在标准管中选择吸光值与待测样品接近的一管，采用标准管法计算待测样品的蛋白质浓度。

6. 试比较标准曲线法与标准管法，对同一样品所测定的蛋白质浓度有何不同，并分析原因。

【注意事项】

1. BCA 工作液在配制好后，24h 内保持稳定。

2. BCA 法测定蛋白浓度时，呈色反应会随时间逐渐加深，也会随温度升高而加深，因此测定样品时，各个样品要保证相同的反应时间和反应温度。

3. 比色测定时最佳波长应选择 562nm，但在没有准确的 562nm 波长可以选择时，也可以使用 540～595nm 之间的波长。

4. 蛋白质样品及蛋白质标准液配制好后，应该在–20℃保存。

5. 不同批次蛋白质样品的测定，每次都应该重新制备标准曲线。

【思考题】

1. 影响 BAC 法测定蛋白浓度的因素有哪些？

2. 本实验中，如果蛋白质样品中存在脂质、糖类、EDTA、尿素等化学物质干扰时，将对测定结果有何影响？如何加以避免？

3. 试比较和分析在比色实验中标准管法和标准曲线法的异同和优劣。

(梅寒芳)

实验三　双缩脲法测定蛋白质含量

【目的】

1. 掌握双缩脲法测定蛋白质含量的原理和方法。
2. 掌握分光光度法的原理和分光光度计的使用。

【原理】

双缩脲是两个尿素(脲)分子经 180℃左右加热、缩合放出一个分子氨后得到的产物(H_2N—OC—NH—CO—NH_2)。在强碱性溶液中，双缩脲与二价铜离子形成紫红色络合物，称为双缩脲反应。凡具有与双缩脲分子相似结构的化合物，如含有两个酰胺基、或两个直接连接的肽键、或能够以一个中间碳原子相连的肽键，都有相似的双缩脲反应。蛋白质含有多个肽键(—CO—NH—)，可发生双缩脲反应，即在碱性溶液中蛋白质能与二价铜离子作用生成稳定的紫红色络合物。这种紫红色络合物在 540nm 处有最大吸收，其吸收值在一定范围内与蛋白质浓度成正比，而与蛋白质的相对分子量及氨基酸组成无关，故此法可用来测定蛋白质含量。该法测定的蛋白质浓度范围为 1～10 g/L。

双缩脲法测定蛋白质含量的优点是较快速，不同的蛋白质产生的颜色相近，干扰物质少，主要的干扰物质有 Tris、氨基酸、多肽、蔗糖、甘油等。但是硫酸铵不干扰此显色反应，因而此法常用于蛋白质纯化早期步骤的快速测定。其主要缺点是灵敏度低，不适合微量蛋白的测定。

【试剂】

1. 标准蛋白质溶液：准确称取经真空干燥的标准蛋白质(常用牛血清白蛋白)，用 0.05mol/L 氢氧化钠溶液配制成 10g/L 的溶液(预先用微量凯氏定氮法测定蛋白质含量，也可用 1mg/ml 牛血清白蛋白的 A_{280} 为 0.66 来校正)。

2. 双缩脲试剂：称取 1.5g 硫酸铜($CuSO_4 \cdot 5H_2O$)、6g 酒石酸钾钠($KNaC_4H_4O_6 \cdot 4H_2O$)，依次溶解于 500ml 蒸馏水中，在搅拌下加入 300ml 10%氢氧化钠溶液，最后用蒸馏水稀释至 1L。通常可加入 1g 碘化钾以防止铜原子自动还原形成氧化亚铜沉淀。所用的蒸馏水应煮沸以逐出所溶解的二氧化碳，待冷却后配制。配好的双缩脲试剂应储存于塑料瓶中(或内壁涂以石蜡的瓶中)。此试剂可长期保存，若有红色或黑色沉淀出现则需要重配。

3. 待测蛋白质样品：动物血清。

【器材】

托盘天平、分析天平、烧杯、量筒、容量瓶、分光光度计、刻度吸量管、恒温水浴箱(如室温接近 20～25℃可不用)。

【操作】

1. 标准曲线制定和样品测定同时进行。取试管 7 支，按表 2-1-3 顺序加入各试剂。

表 2-1-3　加样操作表(单位：ml)

试剂	对照管	标准管					测定管
		1	2	3	4	5	
标准蛋白质溶液(10g/L)	0.0	0.2	0.4	0.6	0.8	1.0	0.0
待测蛋白质	0.0	0.0	0.0	0.0	0.0	0.0	1.0
蒸馏水	1.0	0.8	0.6	0.4	0.2	0.0	0.0
双缩脲试剂	4.0	4.0	4.0	4.0	4.0	4.0	4.0
A_{540} 测定结果							
相当于蛋白质含量(g/L)	0	2	4	6	8	10	?

2. 在室温下放置 20～30min，以未加蛋白质溶液的试管作为空白对照，于 540nm 处测定各管吸光度值。以蛋白质的含量为横坐标，吸光度值为纵坐标，制定标准曲线。根据样品管溶液的吸光度值，从标准曲线查得其蛋白质浓度，乘以稀释倍数得到待测血清的蛋白质含量。

【注意事项】

1. 各管加好样后必须充分混匀。显色反应时间需 20～30min。在显色后 30min 内进行比色，且各管测定时间要尽量相同。

2. 样品蛋白质浓度若超过 10g/L，则应作适当稀释。

3. 若样品中脂类等含量过高，则在 30min 后会有雾状沉淀产生，故须注意控制在 30min 内比色完毕。

【思考题】

与其他蛋白质含量测定方法相比，双缩脲试剂法有何优缺点？

(顾取良)

实验四　蛋白质的两性反应与等电点测定

【目的】

1. 掌握蛋白质两性解离的性质。

2. 掌握一种利用溶解度差异测定蛋白质等电点的方法。

【原理】

蛋白质具有两性解离的性质，可解离的基团除了肽链两端的自由氨基和羧基以外，还有氨基酸残基侧链中的某些基团，如巯基、胍基、咪唑基、羧基等。蛋白质分子的解离状态受到溶液 pH 的影响。当蛋白质溶液处于某一 pH 时，蛋白质解离成正、负离子的趋势相等，成为兼性离子，蛋白质分子所带净电荷为零，在电场中既不向阴极移动，也不向阳极移动，此时溶液的 pH 称为蛋白质的等电点(isoelectric point，pI)。

当溶液的 pH 小于蛋白质的等电点时，蛋白质分子会因得到质子(H^+)而带正电；反之，当溶液 pH 大于蛋白质的等电点时，蛋白质分子带负电荷。因此，在 pH 不等于其 pI 的溶液中，蛋白质分子间因带有相同的电荷而相互排斥，在溶液中保持稳定。而当溶液的 pH 调节到蛋白质的 pI 时，蛋白质分子所带净电荷为零，彼此间容易接近，相互聚集成为更大的颗粒而从溶液中析出。

溴甲酚绿指示剂的显色范围：pH 3.8～5.4 时，呈绿色；当 pH＜3.8 时，呈黄色；pH＞5.4 时，呈蓝色。本实验利用蛋白质在不同 pH 溶液中溶解度的变化和指示剂显色变化来观察两性解离现象，并根据蛋白质溶液的混浊度来确定其等电点。

【试剂】

1. 0.02 mol/L 的氢氧化钠溶液：先配置 1mol/L NaOH 溶液：称取氢氧化钠(分析纯，分子量 40)4 g，用 80 ml 蒸馏水溶解后，用蒸馏水定容至 100 ml。实验前以蒸馏水稀释为 0.02 mol/L。

2. 0.01%溴甲酚绿指示剂：称取溴甲酚绿 0.005 g，加入 1mol/L NaOH 溶液 0.29 ml，加水定容至 50 ml。

3. 0.02 mol/L 盐酸：吸取 36%～38%的浓盐酸(密度 1.18g/ml)4.18 ml，加水至 50 ml，即为 1mol/L 盐酸，然后加水稀释至 0.02 mol/L。

4. 1 mol/L、0.1 mol/L、0.01 mol/L 乙酸：吸取 99.5%乙酸 2.875 ml，加水定容至 50 ml，即为 1 mol/L 乙酸，分别加水稀释 10 倍及 100 倍得到 0.1 mol/L、0.01 mol/L 乙酸。

5. 0.5%酪蛋白-乙酸钠(0.1 mol/L)溶液：称取纯酪蛋白 0.25g，加入蒸馏水 20 ml，1 mol/L 的氢氧化钠溶液 5 ml，使酪蛋白充分溶解。准确加入 1 mol/L 的乙酸 5 ml，加水定容至 50 ml。

【器材】

试管、试管架、刻度吸管(1 ml、2 ml、10 ml)、滴管。

【操作】

1. 蛋白质的两性反应

(1) 取1支试管，加入0.5% 酪蛋白溶液1 ml和溴甲酚绿指示剂5～7滴，混匀，观察溶液的颜色及状态。

(2) 缓慢滴加0.02 mol/L 盐酸，边滴加边混匀，直至有明显的大量沉淀产生，此时溶液的pH接近于酪蛋白的等电点，观察溶液颜色的变化。

(3) 继续滴加0.02 mol/L 盐酸，观察沉淀和溶液颜色的变化，并说明原因。

(4) 再滴入0.02 mol/L 氢氧化钠溶液进行中和，边滴加边混匀，观察是否出现沉淀，分析原因。继续滴入0.02 mol/L 氢氧化钠溶液，为什么沉淀又会溶解？溶液的颜色会如何变化？请解释原因。

2. 蛋白质等电点的测定

(1) 取9支规格相同的干燥试管，编号后按表2-1-4的顺序准确地加入各种试剂并混合均匀。

表 2-1-4 加样操作表(单位：ml)

试剂	1	2	3	4	5	6	7	8	9
H_2O	2.4	3.2	0.0	2.0	3.0	3.5	1.5	2.75	3.38
1mol/L 乙酸	1.6	0.8	0.0	0.0	0.0	0.0	0.0	0.0	0.0
0.1mol/L 乙酸	0.0	0.0	4.0	2.0	1.0	0.5	0.0	0.0	0.0
0.01mol/L 乙酸	0.0	0.0	0.0	0.0	0.0	0.0	2.5	1.25	0.62
酪蛋白乙酸钠溶液	1.0	1.0	1.0	1.0	1.0	1.0	1.0	1.0	1.0
溶液最终 pH	3.5	3.8	4.1	4.4	4.7	5.0	5.3	5.6	5.9
沉淀出现情况									

(2) 室温下静置约20min，观察每支试管内溶液的混浊度，以“–，+，++，+++，++++”符号表示沉淀的多少。根据观察结果，判断酪蛋白的等电点。

【注意事项】

1. 各种试剂的浓度和加入量必须非常准确。

2. 判断酪蛋白等电点时，应注意混浊显著或静置后沉淀最多，上部溶液最为清亮的一管，对应的pH即为酪蛋白的等电点。

【思考题】

1. 在等电点时蛋白质的溶解度为什么最低？结合蛋白质胶体的性质说明在蛋白质两性反应中沉淀的变化。

2. 本实验利用蛋白质在不同pH的溶液中溶解度的差异来测定酪蛋白的等电点，还可以利用哪些性质判断蛋白质的等电点？

3. 蛋白质两性解离及等电点的性质在蛋白质分离纯化的过程中有何意义？

(游 娟)

实验五 蛋白质的沉淀反应

【目的】

1. 加深对蛋白质胶体溶液稳定因素的认识。
2. 掌握几种沉淀蛋白质的方法。
3. 了解蛋白质变性与沉淀的关系。

蛋白质溶液之所以能成为稳定的胶体，是由于蛋白质分子的表面有水化膜和电荷层的存在，但这种稳定的状态是有条件的，在某些理化因素的作用下(如调节溶液 pH 至等电点和加入脱水剂)，蛋白质分子表面带电性质发生变化、脱水甚至变性，则会以固态形式从溶液中析出，这个过程就称为蛋白质的沉淀(precipitation)。蛋白质的沉淀反应可分为以下两种类型：

(1) 可逆沉淀反应：沉淀反应发生后，蛋白质分子内部结构并没有发生大的或者显著变化，在沉淀因素去除后，又可恢复其亲水性，这种沉淀反应就是可逆沉淀反应，也叫做不变性沉淀反应。属于这类沉淀反应的有盐析(salting out)、等电点沉淀以及在低温下短时间的有机溶剂沉淀法等。

(2) 不可逆沉淀反应：蛋白质在沉淀的同时，其空间结构发生显著的改变，许多次级键发生断裂，即使除去沉淀因素，蛋白质也不会恢复其亲水性，并丧失生物活性，这种沉淀反应就是不可逆沉淀反应。重金属盐、生物碱试剂、强酸、强碱、加热、剧烈震荡、有机溶剂等都能使蛋白质发生不可逆沉淀反应。

理化因素导致蛋白质的空间结构遭到破坏，蛋白质理化性质发生改变及生物活性丧失，称之为蛋白质的变性。热变性的蛋白质如果继续加热，在接近等电点的条件下会形成坚固的凝块，称为蛋白质的凝固。变性的蛋白质易于沉淀，但有时由于维持蛋白质溶液稳定的条件仍然存在(如电荷)，蛋白质并不析出。因此变性蛋白质并不一定都会沉淀，而沉淀的蛋白质也未必都已变性，凝固的蛋白质一定变性。

本实验通过盐析、有机溶剂沉淀、重金属盐沉淀、生物碱试剂沉淀等过程，验证蛋白质的沉淀反应。

(一) 盐析

【原理】

用大量中性盐(如硫酸铵、硫酸镁、氯化钠等)，使蛋白质沉淀析出的过程，称为蛋白质的盐析作用。盐析中高浓度中性盐破坏了蛋白质的水化层，中和了蛋白质分子所带的电荷而出现沉淀。盐析沉淀各种蛋白质与中性盐的浓度、蛋白质的种类、溶液的 pH 以及蛋白质胶体颗粒大小有关。大颗粒蛋白质胶体比小颗粒更容易沉淀，如球蛋白多在半饱和硫酸铵溶液中析出，而清蛋白则在饱和硫酸铵溶液中才能析出。由于盐析易产生共沉作用，故其分辨率不是很高，但操作安全简单、成本低，不会引起生物活性物质变性，且配合其他手段完全能达到很好的分离效果。因此盐析常用于蛋白质、酶、多肽、多糖、核酸等物质的分离纯化。

【试剂】

5%的卵清蛋白溶液(要求新鲜配制)、饱和硫酸铵溶液、固体硫酸铵试管。

【器材】

滤纸、玻棒。

【操作】

1. 取试管一支，加入5%的卵清蛋白溶液2ml，再加等量的饱和硫酸铵溶液，混匀后静置10min将出现沉淀。此沉淀物为球蛋白。

2. 取前支试管中的上清液于另一支试管，向上清液液中加入硫酸铵粉末，边加边用玻棒搅拌，直至粉末不再溶解为止。静置数分钟后，沉淀析出的是清蛋白。

3. 向两支试管中分别加水，观察其沉淀是否溶解。

(二) 有机溶剂沉淀反应

【原理】

有机溶剂(乙醇、丙酮、异丙酮和甲醇等，其中乙醇是最常用的沉淀剂)能使蛋白质颗粒失去电荷层或水化膜而沉淀。有机溶剂沉淀反应具有分辨能力高于盐析法 、沉淀不用脱盐，过滤比较容易等特点，因此常用于蛋白质、酶、多糖和核酸等生物大分子的沉淀分离。但某些具有生物活性的大分子使用有机溶剂沉淀容易引起变性失活，操作需在低温下进行。

【试剂】

5%的卵清蛋白溶液 、95%乙醇溶液、1%乙酸溶液。

【器材】

试管、滤纸、玻棒。

【操作】

1. 取试管4支，标明管号1、2、3、4，按表2-1-5操作。

表2-1-5 加样操作表

试剂	1	2	3	4
5%蛋白质溶液(ml)	1.0	1.0	1.0	0.0
1%乙酸溶液(滴)	—	1～2	—	—
95%乙醇溶液(ml)	0.0	0.0	0.0	2.0

2. 将第3管及4管置冰水中，放置5min，然后将第4管的冰乙醇倒入第3

管中(此步最好在冰水中进行)，混匀，同时向第 1 及第 2 管中各加入未冰浴的乙醇 2ml 混匀，观察各管的沉淀情况并立即向第 1、2 及 3 管中各加入蒸馏水 10ml，混匀，比较各管变化并解释之。

(三) 重金属盐沉淀

【原理】

重金属离子如 Pb^{2+}、Cu^{2+}、Hg^{2+}、Ag^{+}等可与蛋白质分子上的羟基结合生成不溶性金属盐而沉淀。

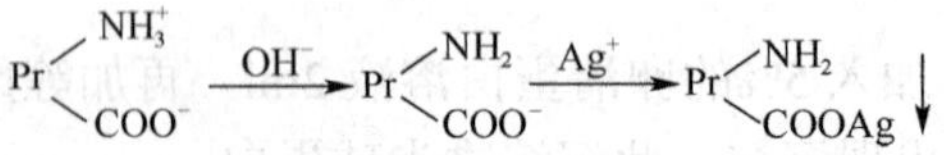

重金属盐类沉淀蛋白质的反应通常很完全，特别是在碱金属盐类存在时。因此，生化分析中，常用重金属盐除去体液中的蛋白质；临床上用蛋白质解除重金属盐引起的食物中毒。

【试剂】

5%的卵清蛋白溶液、0.1mol/L 氢氧化钠溶液、3%硝酸银溶液、0.1%硫酸铜溶液。

【器材】

试管、胶头滴管、玻棒。

【操作】

1. 取试管 4 支，按表 2-1-6 操作。

表 2-1-6　加样操作表

试剂(滴)	1	2	3	4
5%蛋白质溶液	5	5	5	5
1%乙酸溶液	—	—	10	10
10g/L 硫酸铜溶液	3	—	3	—
30g/L 硝酸银溶液	—	3	—	3

2. 混合均匀，比较各管浑浊程度并解释之。

(四) 生物碱试剂沉淀反应

【原理】

植物体内具有显著生理作用的含氮碱性化合物称为生物碱。能沉淀生物碱或与其产生颜色反应的物质称为生物碱试剂，如鞣酸、三氯乙酸(TCA)、苦味酸、磷钨酸等。当溶液 pH 小于等电点时，蛋白质颗粒带正电荷，容易与生物碱试剂发生反应生成不溶性盐而沉淀。反应如下：

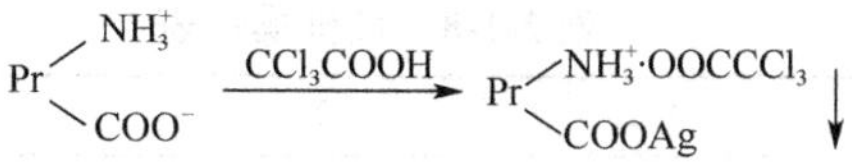

【试剂】

5%的卵清蛋白溶液、5%三氯乙酸溶液、1%乙酸溶液、苦味酸饱和溶液及鞣酸饱和溶液。

【器材】

试管、胶头滴管、移液管。

【操作】

1. 取试管 3 支，按表 2-1-7 操作。

表 2-1-7　加样操作表

试剂	1	2	3
5%蛋白质溶液(ml)	1	1	1
1%乙酸溶液(滴)	10	10	10
苦味酸溶液(滴)	5	—	—
鞣酸溶液(滴)	—	5	—
三氯乙酸溶液(滴)	—	—	5

2.　混合均匀，比较各管浑浊程度并解释之。

(五) 蛋白质的热变性及凝固

【原理】

蛋白质在其等电点附近加热，即发生变性凝固，在加热过程中，随着蛋白质变性作用的深化，使已变性的蛋白质分子间凝聚成凝胶状的蛋白块。但应注意，当蛋白质溶液远离等电点而带有很多同种电荷时，加热虽可使其变性，但因同种电荷的排斥作用并不发生凝固现象。

【试剂】

5%蛋白质溶液、1%乙酸溶液、10%乙酸溶液、100g/L NaOH 溶液。

【器材】

试管、胶头滴管、移液管。

【操作】

1. 取试管 4 支，按表 2-1-8 操作。

表 2-1-8 加样操作表

试剂	1	2	3	4
5%蛋白质溶液(ml)	2	2	2	2
1%乙酸溶液(滴)	—	1～2	—	—
10%乙酸溶液(ml)	—	—	0.5	—
100g/L NaOH 溶液(ml)	—	—	—	0.5

2. 混匀后各管分别加热，观察有否沉淀析出及沉淀析出的多少、快慢并解释之。另外在第 2 管加热蛋白沉出后再加入 5ml 蒸馏水，观察是否复溶，为什么？

【思考题】

1. 盐析时为什么分别用饱和硫酸铵溶液和硫酸铵粉末？

2. 重金属盐沉淀蛋白质要注意什么？

(崔炳权)

第二章 核酸化学

实验六 紫外吸收法测定核酸含量

【目的】

掌握紫外吸收法测定核酸含量的方法。

【原理】

构成核酸的嘌呤和嘧啶环的共轭双键体系使核酸在260nm波长处有最大光吸收，其光密度值与核酸含量呈正比。核酸种类及其存在状态不同，其光密度值与核酸含量的比值也不同，所以采用经验值来测定核酸的含量。即在1cm光径的比色杯中，A_{260}值为1时相当于dsDNA 50μg/ml，ssDNA或ssRNA 40μg/ml。由于不同核苷酸的紫外光吸收性质的不同，使得DNA与RNA在260nm和280nm处的光吸收的比值有差异，DNA的A_{260}/A_{280}在1.8左右，RNA的A_{260}/A_{280}在2.0以上，以此比值可获知样品中DNA或RNA的纯度。

紫外吸收法简便，但待测样品中蛋白质和小分子核苷酸类物质干扰较大。

【试剂】

1. 提纯的DNA或RNA制品。
2. 0.1mol/L NaOH溶液：称取1g NaOH，溶于250ml蒸馏水中。
3. 钼酸铵-高氯酸沉淀剂：含0.25%钼酸铵的2.5%高氯酸溶液。19.3ml蒸馏水中加入0.7 ml 70%高氯酸溶液和50mg钼酸铵。

【器材】

紫外分光光度计，分析天平，离心机，冰箱。

【操作】

1. 核酸溶液的配制　称取15mg核酸制品，以蒸馏水溶解，以0.1mol/L NaOH溶液调节pH至7，要缓慢滴加，避免过碱。以蒸馏水定容至5ml。核酸样品浓度为3mg/ml。

2. 核酸紫外光吸收曲线的测定　吸取以上配制的溶液0.1ml置于10ml容量瓶内，用蒸馏水定容至10ml。以蒸馏水作为对照，在石英比色杯中于紫外分光光度计上测定核酸溶液在220～300nm范围的光吸收曲线。

3. 核酸含量的测定　根据以上测得的A_{260}和A_{280}数据以及稀释倍数，计算出DNA或RNA浓度。

$$DNA 浓度(\mu g/ml)=A_{260}\times 50\times N/L$$

$$RNA 浓度(\mu g/ml)=A_{260}\times 40\times N/L$$

上式中：50 为在 1cm 光径比色杯中 A_{260} 为 1 时的 DNA 浓度(单位 μg/ml)。40 为在 1cm 光径比色杯中 A_{260} 为 1 时的 RNA 浓度(单位 μg/ml)。L 为比色杯的光径(单位：cm)。N 为稀释倍数。

4. 核酸纯度分析　以 A_{260}/A_{280} 的比值判断核酸样品的纯度。

5. 如果待测样品中含有核苷酸等杂质，在测定时可采用钼酸铵-高氯酸沉淀剂沉淀大分子核酸以消除干扰。

(1) 取两支离心管，每管各加入 2ml 以上配制的浓度为 3mg/ml 的待测核酸样品溶液，然后向甲管内加入 2ml 蒸馏水，向乙管中加入 2ml 沉淀剂，混匀，冰箱放置 30min，3000r/min 离心 10min，吸取甲、乙两管的上清液各 0.5ml，分别定容至 50ml，于石英比色杯中在紫外分光光度计上测定 260nm 的光吸收值。

(2) 核酸含量的计算:DNA(或 RNA)浓度(μg/ml)=$\Delta A_{260}\times 50$(或 40)$\times N/L$

上式中ΔA_{260}为甲管上清液在 260nm 处的吸收值减去乙管上清液在 260nm 处的吸收值。50 为在 1cm 光径比色杯中 A_{260} 为 1 时的 DNA 浓度(单位 μg/ml)。40 为在 1cm 光径比色杯中 A_{260} 为 1 时的 RNA 浓度(单位 μg/ml)。L 为比色杯的光径(单位：cm)。N 为稀释倍数。

核酸含量(%)=(待测液中测得的核酸量 μg/待测品的量 μg)×100

6. 如果核酸样品是从生物组织中提取出的少量、溶解于重蒸水或 TE 缓冲液的 DNA 或 RNA。

以 TE 缓冲液或蒸馏水作为对照。将 DNA 或 RNA 溶液转入微量石英比色杯中测定含量，计算方法为

$$DNA 浓度(\mu g/ml)=A_{260}\times 50\times N/L$$

$$RNA 浓度(\mu g/ml)=A_{260}\times 40\times N/L$$

其中：50 为在 1 cm 光径比色杯中 A_{260} 为 1 时的 DNA 浓度(单位 μg/ml)。40 为在 1 cm 光径比色杯中 A_{260} 为 1 时的 RNA 浓度(单位 μg/ml)。L 为比色杯的光径(单位：cm)。

【注意事项】

为避免核酸沉淀剂对核酸测定的干扰，离心后应小心吸取上清液。

【思考题】

1. 测定核酸含量时为什么不用普通的玻璃比色杯而用石英比色杯？

2. 什么原因造成 DNA 和 RNA 的 A_{260}/A_{280} 值的不同？

3. 如果在提取的核酸样品中有蛋白质的污染，A_{260}/A_{280} 值将进一步降低，请分析原因。

(高　蓝)

实验七 定磷法测定核酸含量

【目的】

1. 掌握定磷法测定核酸含量的原理。
2. 掌握定磷法测定核酸含量的实验技术。

【原理】

核酸包括核糖核酸(RNA)和脱氧核糖核酸(DNA)，其中 DNA 含有约 9.2 % 的磷元素，RNA 含有约 9.0 % 的磷元素，即：1μg DNA 有机磷相当于 DNA 10.9μg；1μg RNA 有机磷相当于 RNA 11.1μg。因此通过测定核酸样品中有机磷的量，可以间接计算出样品中核酸的含量。采用强酸试剂使样品中核酸分子中的有机磷消化成无机磷，无机磷与钼酸铵结合成为黄色沉淀-磷钼酸铵。在有还原剂存在的条件下，Mo^{6+} 被还原为钼蓝，呈现蓝色，在 660 nm 处有特异性的吸收峰。无机磷含量在 1～25 μg 的范围内，在 660 nm 处的吸光值与磷元素的含量成正比，利用这种规律，可采用比色法进行测定。

反应如下：

$$(NH_4)_2MoO_4 + H_2SO_4 \longrightarrow H_2MoO_4 + (NH_4)_2SO_4$$

$$H_3PO_4 + 12H_2MoO_4 \longrightarrow H_3P(Mo_3O_{10})_4 + 12H_2O$$

$$H_3P(Mo_3O_{10})_4 \xrightarrow{\text{Vit C}} Mo_2O_3 \cdot MoO_3\text{(钼蓝)}$$

【试剂】

1. 标准磷原溶液(200 μg/ml)：将适量磷酸二氢钾(A.R.)放在 100℃烤箱中烘干至恒重，准确称取 0.4839g 溶解于少量蒸馏水，转移到 500 ml 容量瓶，蒸馏水定容。临用前精确稀释 20 倍，成为 10 μg/ml 的标准磷应用液。

2. 定磷试剂

Ⅰ 3mol/L 硫酸溶液。

Ⅱ 2.5%钼酸铵溶液：2.5g 钼酸铵溶解于 100 ml 蒸馏水。

Ⅲ 10%抗坏血酸溶液：10g 抗坏血酸溶解于 100 ml 蒸馏水，用棕色瓶 4℃存放。淡黄色溶液可用，如果变成深黄色或棕色，则已经失效，不能使用。

临用前，Ⅰ∶Ⅱ∶Ⅲ：水以体积比 1∶1∶1∶2 混合，为定磷试剂应用液。

3. 5%氨水。

4. 30%过氧化氢。

5. 5mol/L 硫酸。

【器材】

刻度吸管、电炉、恒温水浴箱、722 型分光光度计、容量瓶、漏斗、大试管等。

【操作】

1. 样品消化

(1) 称量 RNA 样品(核酸粗制品)0.1g，用适量蒸馏水溶解，可滴加 5%氨水，调节至 pH 为 7.0 助溶。将溶解液转移至 50ml 容量瓶，蒸馏水定容至 50ml，得到浓度为 2mg/ml 的粗核酸样品液。

(2) 从上述粗核酸样品液中吸取 1.0ml，放入大试管，加入 5mol/L 硫酸溶液 3.0ml 及 1～2 粒沸石，在通风橱内加热至冒白烟(注意不要烧干)后，冷却至室温，加入两滴 30%过氧化氢，继续加热至溶液无色透明为止，表明消化完成。将消化液倒入 100ml 容量瓶，用少量蒸馏水洗涤大试管 2 次，洗涤液也全部倒入容量瓶，再加适量蒸馏水定容至 100ml，混匀，即为核酸样品总磷消化液，包括无机磷和有机磷。

(3) 量取粗核酸样品液 1.0ml，置于 100ml 容量瓶，加适量蒸馏水定容至 100ml，混匀充分后，即为核酸样品无机磷溶液。

2. 磷标准曲线的绘制及样品管测定

(1) 取大试管 9 只，按表 2-2-1 操作。

表 2-2-1 加样操作表(用量：ml)

试剂	空白管	标准管						样品管	
	0	1	2	3	4	5	6	7	8
磷标准应用液(10μg/ml)	0.0	0.2	0.4	0.6	0.8	1.0	1.2	—	—
核酸样品总磷消化液	1.0	—	—	—	—	—	—	3.0	—
核酸样品无机磷溶液	0.0	—	—	—	—	—	—	—	3.0
蒸馏水	3.0	2.8	2.6	2.4	2.2	2.0	1.8	0.0	0.0
定磷试剂	3.0	3.0	3.0	3.0	3.0	3.0	3.0	3.0	3.0
A_{660}nm									
相当于磷的含量(μg)	0.0	2.0	4.0	6.0	8.0	10.0	12.0	?	?

(2) 摇匀各管中的溶液，45℃水浴 20min，冷却，以空白管调零，测定各样品在 660nm 处的吸光值，以磷含量(μg)为横坐标，A_{660nm} 为纵坐标，在坐标纸上绘制标准曲线。

3. 结果处理

(1) 3ml 核酸样品消化液中有机磷含量 A(μg)：根据测得的有机磷吸光值(＝总磷 A_{660nm}−无机磷 A_{660nm})，从标准曲线中查得核酸样品中有机磷的含量 A。

(2) 50ml 粗核酸样品液中有机磷的总量 B(μg)：$B=A\div3\times100\times50$。

(3) 50ml 粗核酸样品液中核酸的总量 C(μg)：$C=B\times11.1$(1μg 有机磷相当于 11.1 μg RNA)。

(4) 样品中核酸的纯度 *D*(g/100g)：*D*＝*C*÷1000000×1000×100%。

【注意事项】

1. 保证所有试剂和器皿绝对清洁，不含有磷元素污染。
2. 核酸总磷消化液定容后，务必上下颠倒充分混匀，均一后才能取样测定。
3. 各种试剂的取样量力求准确。

【思考题】

1. 分析定磷法测定核酸含量的影响因素有哪些？
2. 试比较定磷法与紫外分光光度法测定核酸含量的优劣。

(梅寒芳)

实验八 地衣酚法测定 RNA 含量

【目的】

1. 掌握定糖法(地衣酚法)测定 RNA 含量的基本原理。
2. 掌握地衣酚法测定 RNA 含量的具体操作方法及其注意事项。

【原理】

RNA 含量测定，除可用紫外吸收法和定磷法外(详见实验六和实验七)，也可用地衣酚法测定。

其反应原理是：当 RNA 在碱性溶液中水解后，其核糖部分可被浓盐酸共热脱水形成糠醛，后者与 3,5-二羟基甲苯(地衣酚或苔黑酚，Orcinol)反应，在 Fe^{3+} 或 Cu^{2+}催化下，生成绿色复合物。该反应产物在 670nm 处有最大光吸收。

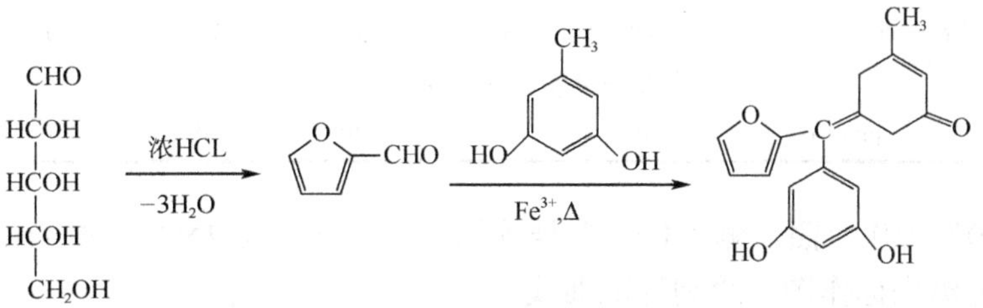

RNA 浓度在 20～250μg/ml 范围内，其 660nm 处的吸光度值与 RNA 浓度成正比。地衣酚法特异性差，在反应液中如混有含有戊糖的 DNA 和其他杂质也能与地衣酚反应产生类似颜色。因此，测定 RNA 时可先测得 DNA 含量再计算 RNA 含量。此外，地衣酚法只能测定 RNA 中与嘌呤连接的核糖，不同来源的 RNA 所含嘌呤和嘧啶的比例各不相同，因此，用所测得的核糖量来换算各种 RNA 的含量存在误差。最好用被测样品相同来源的纯化 RNA 作 RNA-核糖标准曲线，然后从曲线求得被测样品的 RNA 含量。

【试剂】

1. 1mol/L KOH 溶液。

2. 5%三氯乙酸溶液。

3. 0.1%三氯化铁浓盐酸溶液　取比重为 1.19 的浓盐酸 100ml，加入 $FeCl_3 \cdot 6H_2O$ 100mg。

4. 地衣酚试剂　使用前以 0.1%三氯化铁浓盐酸溶液作为溶剂，加入重结晶地衣酚 100mg，混匀溶解后，配成 0.1%地衣酚溶液，置于棕色瓶中。此试剂可用 1 周，颜色变绿即已变质，不能应用。市售之地衣酚往往不纯，必须用苯重结晶 1～2 次，必要时用活性炭脱色方可使用。

5. RNA 标准溶液　准确称取纯 RNA 1.2 mg 溶解于 1.0ml 0.9% NaCl 溶液中，加等量 1mol/L KOH 溶液，置沸水浴 10min 使其水解。冷却后加 5%三氯乙酸 4ml，配成 200μg/ml 的标准液。

6. 样品待测液　将 RNA 标准溶液稀释 4～5 倍作为样品待测液，或者自己准备 RNA 提取样品。

【器材】

分析天平、沸水浴锅、试管和管架、移液管、分光光度计。

【操作】

1. RNA 标准曲线的制作　取 6 支大试管，按表 2-2-2 编号加入试剂。

表 2-2-2　加样操作表(单位：ml)

试剂	0	1	2	3	4	5
RNA 标准液	0	0.2	0.4	0.6	0.8	1.0
5%三氯乙酸	2.0	1.8	1.6	1.4	1.2	1.0
地衣酚试剂	3.0	3.0	3.0	3.0	3.0	3.0
摇匀，沸水浴中加热 20min，冷却。						
RNA 含量(μg/ml)	0	20	40	60	80	100

以“0”管作对照，测“1～5”号管的 A_{660nm} 值。以 RNA 含量为横坐标，以 A_{660nm} 值为纵坐标作图，绘制标准曲线。

2. 样品的测定

(1) 实验室提供的待测液的浓度测定：取 1ml 待测液，先后加入 1ml 5%三氯乙酸和 3.0ml 地衣酚试剂，沸水浴 20min。冷却后，以“0”管作对照，测其 A_{660nm} 值。最后利用其 A_{660nm} 值从标准曲线上查取待测样品的 RNA 浓度。

(2) 自己提取的 RNA 样品的含量测定：取 1.0ml 样品液于大试管中，加 1ml 的 1mol/L KOH 溶液。混匀，沸水浴 10min，取出冷却，加 5%三氯乙酸 8ml，搅匀，使 DNA 及蛋白质沉淀，3000 转/min 离心 5min，将上清液转入新管，即得到

RNA 的碱水解液。然后取 1.0ml RNA 的碱水解液，按照样品测定(1)的操作步骤，测其 A_{660nm} 值。最后利用其 A_{660nm} 值从标准曲线上查取 RNA 浓度。该 RNA 含量为标准曲线上查取的 RNA 浓度×10(稀释倍数)；该样品 RNA 产率按照如下公式计算：

RNA 产率(%)=[RNA 含量(μg/ml)×总体积(ml)]/[样品总量(g)×10^6]×100

【注意事项】

1. 定量实验中的试剂基本上是强腐蚀性或强氧化性、强致癌性试剂，实验过程中小心使用这些试剂。

2. 蛋白质沉淀均可以与地衣酚发生显色反应，所以吸取的水解液务必绝对澄清，不含任何蛋白质沉淀物。为了保证实验结果的可靠性，也可以将水解后离心的上清液小心倒入另一试管中，观察没有蛋白质沉淀后再吸取进行显色反应。

3. 本法特异性较差，凡属戊糖均有反应。①微量 DNA 无影响，较多 DNA 存在时，亦有干扰作用，如在试剂中加入适量 $CuCl_2 \cdot 2H_2O$ 可减少 DNA 的干扰；②某些己糖在持续加热后生成的羟甲基糖醛也能与地衣酚反应，产生显色复合物；③利用 RNA 和 DNA 显色复合物的最大光吸收不同，且在不同时间显示最大色度可以减少 DNA 的影响。DNA 在显色反应 2min 后，在 595nm 呈现最大光吸收，而 RNA 则在显色反应 15min 后，在 660nm 下呈现最大光吸收。

【思考题】

1. 采用该方法测定 RNA 含量与紫外吸收法和定磷法相比，有何优缺点？
2. 地衣酚反应中，干扰 RNA 测定的因素有哪些？如何减少它们的影响？

(杨泽民)

第三章　酶学实验

实验九　温度对酶活性的影响

【目的】

1. 通过检测不同温度下唾液淀粉酶的活性，了解温度对酶活性的影响。
2. 学习测定酶的最适温度的简单方法。

【原理】

温度对酶活性有显著影响。温度升高，酶促反应速度加快，当上升至某一温度时，酶促反应速度达最大值，此温度称为酶的最适温度。温度继续升高，酶促反应速度则因酶蛋白变性反而迅速下降。通常温度愈高，酶蛋白变性愈严重；80℃时，多数酶的变性已不可逆转，酶活性几乎完全丧失。人体内大多数酶的最适温度在37℃左右。体外实验中，酶的最适温度不是一个常数，与反应时间有关，延长反应时间，最适温度便降低。

以唾液淀粉酶为例。唾液淀粉酶可将淀粉逐步水解成各种不同大小分子的糊精及麦芽糖。它们遇碘各呈不同的颜色。直链淀粉(即可溶性淀粉)遇碘呈蓝色；糊精按分子从大到小的顺序，遇碘可呈蓝色、紫色、暗褐色和红色，最小的糊精和麦芽糖遇碘不呈现颜色。因此，可以根据酶反应混合物遇碘所呈现的颜色来检查不同温度下淀粉被水解的程度，间接判断不同温度下唾液淀粉酶的活性高低。

【试剂】

1. 1%淀粉液(含0.3%的NaCl)，4℃存放，不超过一周。
2. 稀碘液：称取 I_2 1g，KI 2g同溶于100ml蒸馏水中，棕色瓶内存放。

【器材】

冰箱、沸水浴箱、恒温水浴箱、白瓷板。

【操作】

1. 唾液淀粉酶的制备：先用自来水漱口以清除口腔内食物残渣，然后含一小口蒸馏水，做咀嚼动作，3～5min后收集分泌的唾液到小烧杯中。
2. 取试管2支，各取上述唾液2ml，一管加热煮沸5min，另一管置0～4℃冰浴中预冷5min，放置备用。
3. 另取试管4支，编号，按表2-3-1依次操作。

表 2-3-1 加样操作表

管号/步骤	1	2	3	4
第一步	各管分别加 1%淀粉溶液 20 滴			
第二步	0～4℃冰浴保温 5min		37℃水浴保温 5min	
第三步	预冷唾液 10 滴		唾液 10 滴	煮沸唾液 10 滴
第四步	混匀后 0～4℃冰浴保温 10min		混匀后 37℃水浴保温 10min	
第五步	碘液 2 滴	移入 37℃水浴保温 10min 后再加碘液 2 滴	碘液 2 滴	碘液 2 滴
观察结果				

【注意事项】

因唾液淀粉酶活力可能存在个体差异，可以混合 4～5 人的唾液使用；如制得的唾液消化太快或太慢，可重新适当稀释唾液或增加唾液用量。

【思考题】

通过本实验说明酶活性如何受到温度的影响。

(顾取良)

实验十 酸碱度对酶活性的影响

【目的】

1. 了解 pH 对酶活性的影响机制。
2. 熟悉酶的最适 pH。

【原理】

酶的活性受环境 pH 的影响极为显著，通常只在一定的 pH 范围内，酶才表现出活性，当酶活性达到最高时的 pH 称为该酶的最适 pH(optimum pH)，低于或高于最适 pH 时，酶的活性依次降低。酶的最适 pH 受底物性质和缓冲液性质的影响。

不同酶的最适 pH 不同，但与该酶在生物体内存在的部位有关。如高等动物的胃蛋白酶最适 pH 为 1.5～2.5，而胃液的 pH 与此相近，胰蛋白酶的最适 pH 为 8 左右，而十二指肠附近肠道的 pH 近乎中性。

本实验使用唾液淀粉酶(salivary amylase)来说明 pH 对酶活性的影响。唾液淀粉酶的最适 pH 为 6.8。

【试剂】

0.5%淀粉 、稀唾液(用蒸馏水漱口后，再含一口蒸馏水，咀嚼 1min 后使其流入量筒并稀释 50～100 倍，混匀备用)、碘化钾-碘溶液。

【器材】

试管、恒温水浴锅、白瓷板。

【操作】

1. 取 4 个 50ml 锥形瓶，并编号。用移液管按表 2-3-2 添加 0.2mol/L 磷酸氢二钠溶液和 0.1mol/L 柠檬酸溶液制备 pH5.0～8.0 的四种缓冲液。

表 2-3-2　加样操作表

	1	2	3	4
0.2mol/L 磷酸氢二钠(ml)	5.15	6.05	7.72	9.72
0.1mol/L 柠檬酸溶液(ml)	4.85	3.95	2.28	0.28
pH	5.0	5.8	6.8	8.0

2. 各取四种不同 pH 的缓冲液 3ml，分注入 4 支试管中，随后于每个试管中添加 0.5%淀粉溶液 2ml 和淀粉酶 2ml。将各试管内容物混匀，并依次置于 37℃恒温水浴中保温。

3. 每隔 1min 由第 3 管取出一滴混合液，置于白瓷板上，加 1 小滴碘化钾-碘溶液，检验淀粉的水解程度，待混合液变为棕黄色时，向所有试管依次添加 1～2 滴碘化钾-碘溶液。

4. 观察各试管中物质呈现的颜色，分析 pH 对唾液淀粉酶活性的影响。

【注意事项】

加入酶液后，要充分摇匀，保证酶液与全部淀粉液接触反应，得到理想的颜色梯度变化。

(崔炳权)

实验十一　琥珀酸脱氢酶的竞争性抑制

【目的】

加深对酶竞争性抑制作用的理解。

【原理】

抑制剂的结构与底物类似，能与底物竞争酶分子的活性中心，从而抑制酶的活性。抑制程度随抑制剂浓度的改变而改变。如底物浓度不变，酶活性的抑制程度随抑制剂浓度的增加而增加。反之，如抑制剂浓度不变，则酶活性随底物浓度的增加而逐渐恢复，这种类型的抑制称为竞争性抑制。

琥珀酸脱氢酶(succinatedehydrogenase，SDH)是一种含铁的黄酶，它可以催化琥珀酸脱氢生成延胡索酸，在体内有氧的情况下，脱下的氢经呼吸链的传递，与氧化合成水。肝中含有丰富的琥珀酸脱氢酶，体外实验在隔绝空气的情况下，琥珀酸脱下的氢可被甲烯蓝(人工受氢体)接受还原成甲烯白。因此我们可以用甲烯蓝被还原褪色的速度和程度，来了解不同底物浓度、不同抑制剂浓度时酶活性的改变。

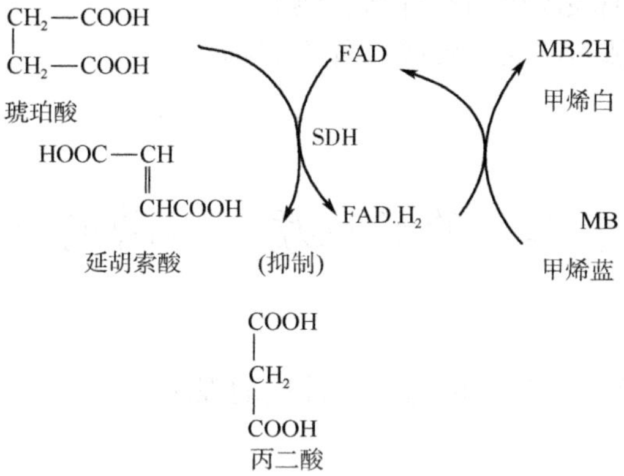

【试剂】

15g/L 琥珀酸钠溶液、10g/L 丙二酸钠溶液、0.2g/L 甲烯蓝溶液、0.1mol/L(pH7.4) 磷酸盐缓冲液、液体石蜡。

【器材】

剪刀、研钵、量筒、试管及试管架、恒温水浴箱。

【操作】

1. 琥珀酸脱氢酶的制备　取动物肝脏 30g，用剪刀剪碎后，置于组织捣碎机中，加入预冷的 0.1mol/L(pH7.4)磷酸盐缓冲液 80ml，捣碎 3min，然后再加入 0.1mol/L(pH7.4)的磷酸盐缓冲液 70ml，搅匀。静置备用。

2. 取大试管 4 支，编号，按表 2-3-3 操作：

表 2-3-3　加样操作表

试剂(滴)	1	2	3	4
匀浆液	20	20	—	20
15g/L 琥珀酸钠溶液	10	10	10	20
10g/L 丙二酸钠溶液	—	10	10	10
蒸馏水	20	10	30	—
0.2g/L 甲烯蓝溶液	5	5	5	5

3. 将上述各管摇匀，于液面上各加液体石蜡 10 滴，放 37℃水浴中保温，随时比较，观察各管颜色变化，记录各管褪色时间及顺序。

【注意事项】

各管滴加的试剂量和反应时间应尽量一致。

【思考题】

1. 丙二酸对琥珀酸脱氢酶有什么影响？
2. 如果不加液体石蜡对本实验有什么影响？

(罗少洪)

实验十二　酶的性质——酶的特异性

【目的】

通过酶特异性实验加深对酶特异性性质的理解。

【原理】

酶具有高度的专一性，即酶对作用物有严格的选择性。每一种酶只能催化一种化合物或一类化学结构相似的化合物起反应，产生特定的生成物。如唾液中的淀粉酶只能催化水解含有 α-1,4 和 α-1,6-葡萄糖苷键的淀粉，产生具有还原性的麦芽糖，而不能水解无 α-1,4 和 α-l,6-葡萄糖苷键的蔗糖、棉籽糖；酵母液中的蔗糖酶不能水解 α-葡萄糖苷键，但能水解具有 α-吡喃葡萄糖-β-呋喃果糖苷键的蔗糖和棉籽糖，产生有还原性的果糖、葡萄糖、蜜二糖。

淀粉酶水解淀粉的结构示意图：

…葡萄糖—葡萄糖—葡萄糖—葡萄糖…

↑

淀粉酶

蔗糖酶水解蔗糖和棉籽糖的结构示意图：

蔗糖：　葡萄糖—果糖

↑

蔗糖酶

↓

棉籽糖：半乳糖—葡萄糖—果糖

这些酶水解产生的还原性糖可以用班氏(Benedict)试剂进行检测。班氏试剂是一种碱性铜试剂，与还原性糖(如本实验中产生的葡萄糖、果糖、蜜二糖)共热时，试剂中的 Cu^{2+} 被还原为 Cu^{+}，并生成 Cu_2O 沉淀，沉淀的颜色可因其颗粒大小及多少而不同。量多颗粒大时为砖红色，量少而可能呈现土黄色、黄绿色或绿色。

【试剂】

1. 1%淀粉溶液　取可溶性淀粉 1g，溶于 100ml 的 0.3% NaCl 溶液中。

2. 1%蔗糖溶液　取蔗糖 1g，溶于 100ml 蒸馏水中。

3. 1%棉籽糖溶液　取棉籽糖 1g，溶于 100ml 蒸馏水中。

4. 班氏试剂　称取 173g 柠檬酸钠和 100g 无水 Na_2CO_3，溶于 700ml 蒸馏水中。将 100ml 17.3%硫酸铜溶液缓慢倾入上述溶液中，边加边摇，加蒸馏水至 1000ml 即得班氏试剂。

5. 17.3%硫酸铜溶液　称取 27g $CuSO_4{\cdot}5H_2O$，加蒸馏水至 100ml。

【器材】

小试管和试管架、恒温水浴箱、沸水浴锅。

【操作】

1. 稀唾液的制备　先用饮用水漱口，除去食物残渣，然后含一小口水，做咀嚼动作 1～2min，刺激唾液的分泌，将此唾液吐出并收集于小烧杯内，备用。

2. 酵母液的制备　取鲜酵母 5g，加少量水研磨，再加 5ml 蒸馏水磨匀，用少量脱脂棉过滤。静置滤液，取上清液备用。

3. 取小试管 8 只，按表 2-3-4 操作。

表 2-3-4　加样操作表

试剂	1	2	3	4	5	6	7	8
1%淀粉溶液	2 滴	—	—	—	2 滴	—	—	—
1%蔗糖溶液	—	2 滴	—	—	—	2 滴	—	—
1%棉子糖溶液	—	—	2 滴	—	—	—	2 滴	—
稀唾液(淀粉酶)	2 滴	2 滴	2 滴	2 滴	—	—	—	—
酵母液(蔗糖酶)	—	—	—	—	2 滴	2 滴	2 滴	2 滴
处理	37℃水浴 10min							
班氏试剂	2 滴	2 滴	2 滴	2 滴	2 滴	2 滴	2 滴	2 滴
处理	沸水浴 3min							
记录实验现象								

【注意事项】

1. 配班氏试剂时，硫酸铜溶液应缓慢倒入碳酸钠溶液中，并快速搅拌，否则得不到澄清的班氏试剂。

2. 唾液中唾液淀粉酶活性个体差异较大，虽受遗传、生理病理和环境的影响，但是本实验咀嚼时间具有决定性作用。

【思考题】

酶作用的专一性有哪几种？淀粉酶和蔗糖酶分别属于哪一种？

实验中导致 Cu_2O 沉淀的颜色出现差异的原因有哪些？

(杨泽民)

实验十三　碱性磷酸酶 K_m 值测定

【目的】

1. 通过碱性磷酸酶米氏常数的测定，了解其测定方法及意义。
2. 学会用标准曲线法测定酶的活性，加深对酶促反应动力学的理解。

【原理】

在环境的温度、pH 和酶的浓度一定时。酶促反应速度与底物浓度之间的关系表现在：反应开始时，酶促反应的速度(v)随底物浓度(S)的增加而迅速增加；若继续增加底物浓度，反应速度的增加率将减少；当底物浓度增加到某种程度时，反应速度会达到一个极限值，即最大反应速度(V_{max})。底物浓度与酶促反应速度的这种关系可用 Michaelis-Menten 方程式表示。

$$v=\frac{V_{max}[S]}{K_m+[S]}$$

上式中 V_{max} 为最大反应速度，[S]为底物浓度，K_m 为米氏常数(Michaelis constant)，而其中的 v 则表示反应的起始速度。当 v=1/2V_{max} 时，K_m=[S]，所以米氏常数是反应速度等于最大反应速度一半时底物的浓度，因此 K_m 的单位以摩尔浓度(mol/L 或 mmol/L)表示(图 2-3-1)。

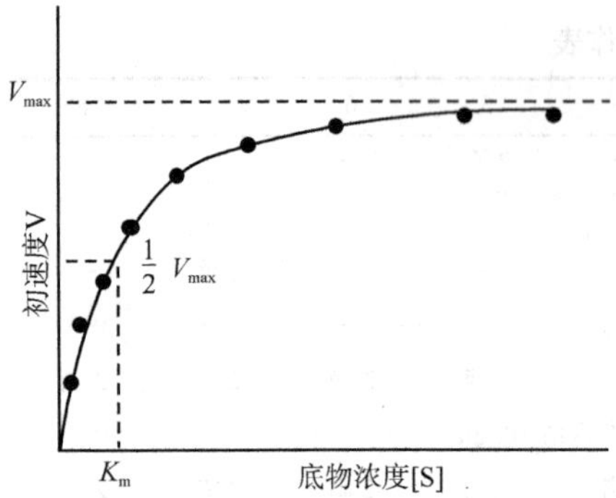

图 2-3-1　底物浓度对反应速度的影响

K_m 是酶的最重要的特征性常数，测定 K_m 值是研究酶动力学的一种重要方法，大多数酶的 K_m 值在 0.01～100mmol/L 间。

酶促反应的最大速度 V_{max} 实际上不易准确测定，K_m 值也就不易准确测出。Lineweaver 和 Burk 根据 Michaelis-Menten 方程，推导出如下方程式，即：

$$\frac{1}{v}=\frac{K_m}{V_{max}}\cdot\frac{1}{[S]}+\frac{1}{V_{max}}$$

此式为直线方程，以不同的底物浓度的倒数即 1/[S]为横坐标，以 1/v 为纵坐标，并将各点连成一直线，向纵轴方向延长，此线与横轴相交的负截距为$-1/K_m$，由此可以正确求得该酶的 K_m 值。

本实验以碱性磷酸酶为例，测定不同底物浓度的酶活性，再根据 Lineweaver-Burk 法作图计算其 K_m 值(见图 2-3-2)。实验以磷酸苯二钠为底物，由碱性磷酸酶催化水解，生成游离酚和磷酸盐。酚在碱性条件下与 4-氨基安替比林作用，经铁氰化钾氧化，生成红色的醌衍生物，颜色深浅反映了酶活性的大小，进而可以算出酶活性的大小。

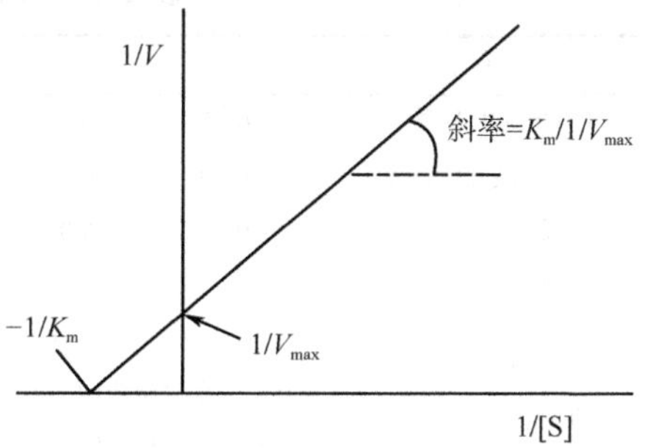

图 2-3-2 Lineweaver-Burk 作图法

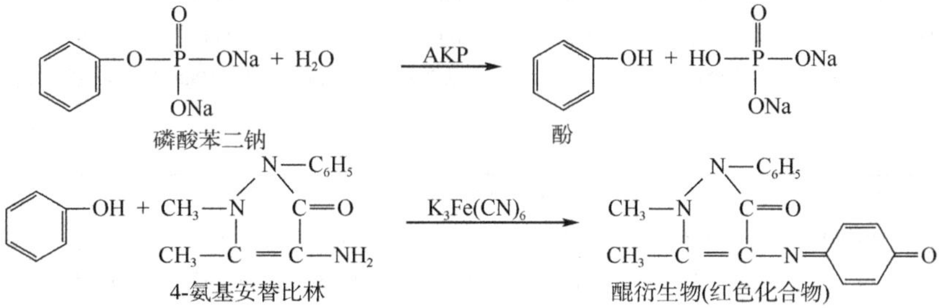

【试剂】

1. 0.lmol/L(pH10)碳酸缓冲液　称取无水碳酸钠 6.36g，碳酸氢钠 3.36g，置于 1000ml 容量瓶中，加少量蒸馏水使溶解并稀释至刻度，加氯仿数滴防腐。

2. 0.02mol/L 磷酸苯二钠底物液　称取磷酸苯二钠 5.08g，用蒸馏水溶解并稀释至 1000ml，迅速煮沸并迅速冷却后加氯仿 4ml 防腐，置于冰箱内备用。此底物液如放置过久，空白管吸光度即增高，故一次不宜配置过多。

3. 碱性溶液　0.2mol/L NaOH。

4. 酶液　可采用下面三种方法之一制备酶液：①称取 5mg 碱性磷酸酶，加入 100ml 缓冲液即得；②称取眼镜王蛇毒液用缓冲液配成 0.5ml/ml 的酶液；③采用动物肝匀浆，取动物肝脏 10g，加 9.0g/L NaCl 90ml，匀浆后离心，取上清液即可。

5. 0.3% 4-氨基安替比林溶液　称取 4-氨基安替吡啉 0.3g，加蒸馏水至 100ml，放棕色瓶内置冰箱保存。

6. 0.5%铁氰化钾溶液　称取铁氰化钾 10g，溶于 800ml 蒸馏水中，另称 30g 硼酸，溶于 800ml 蒸馏水中，将两液混合，定容至 2000ml，置棕色瓶中，4℃保存。

【器材】

37℃水浴箱，分光光度计。

【操作】

1. 取 7 支试管，按表 2-3-5 依次加入试剂。

表 2-3-5　加样操作表(单位：ml)

试剂	1	2	3	4	5	6	7
0.02mol/L 底物液	0.05	0.10	0.20	0.40	0.60	0.80	0.00
pH10 碳酸缓冲液	0.90	0.90	0.90	0.90	0.90	0.90	0.90
蒸馏水	0.95	0.90	0.80	0.60	0.40	0.20	1.00
处理	混合后 37℃水浴，预温 5min 左右						
酶液	0.10	0.10	0.10	0.10	0.10	0.10	0.10
处理	加入酶后立即混匀，37℃水浴保温。从加入酶液起计时至下一步加入碱性溶液停止反应，各管反应时间应准确一致，均为 15min						
碱性溶液	1.00	1.00	1.00	1.00	1.00	1.00	1.00
4-氨基安替比林	1.00	1.00	1.00	1.00	1.00	1.00	1.00
铁氰化钾溶液	2.00	2.00	2.00	2.00	2.00	2.00	2.00
处理	混匀，室温放置 10min 后，以 7 号管为空白液，于 510nm 比色，记录各管的光吸收值(A_{510})						
A_{510} 比色结果							
实验数据的处理							
底物浓度 mmol/L	0.50	1.0	2.0	4.0	6.0	8.0	0
1/[S]	2	1	0.5	0.25	0.167	0.125	—
$1/A_{510}$							

2. 以底物浓度的倒数 1/[S]为横坐标，各管吸光值的倒数 $1/A_{510}$ 为纵坐标作图。根据$-1/K_m$，计算出酶的 K_m 值。

【注意事项】

1. 各试剂特别是底物液及酶量的取量要准确。
2. 加入酶至加入碱性溶液的时间必须是准确的 15min。

【思考题】

1. 怎样才能准确测定酶的米氏常数？
2. 某个酶既可以催化 A 底物水解又可以催化 B 底物水解，在模仿相同的自然环境下测定得 A 的 K_m 值大于 B 的 K_m 值，请问 A 和 B 哪一个更可能是该酶的天然底物？为什么？

(罗少洪)

实验十四　乳酸脱氢酶同工酶琼脂糖电泳法测定

【目的】

1. 掌握琼脂糖凝胶电泳分离蛋白质的原理与方法。
2. 掌握血清中 LDH 各同工酶相对百分含量的定量方法。

【原理】

乳酸脱氢酶(lactate dehydrogenase，LDH)存在于一切有糖酵解作用的细胞中，在 NAD^+参与下催化乳酸脱氢生成丙酮酸或使丙酮酸还原为乳酸。乳酸脱氢酶同工酶的酶蛋白是由 H 和 M 两种免疫性质不同的亚基构成的四聚体，亚基有心肌型(H 型)和肌肉型(M 型)两种。根据组成酶蛋白的亚基比例，可将 LDH 分为 5 种：$LDH_1(H_4)$、$LDH_2(H_3M)$、$LDH_3(H_2M_2)$、$LDH_4(HM_3)$、$LDH_5(M_4)$。这 5 种同工酶在体内分布有组织特异性。如 LDH_1 主要存在于心肌和红细胞中，LDH_3 主要存在于肺和脾，LDH_5 主要存在于肝脏和骨骼肌中。血清 LDH 同工酶活性升高的种类和病变器官有关，如急性心肌梗死(AMI)时，LDH_1 活性明显升高。测定血清 LDH 同工酶有临床鉴别诊断意义。

不同 LDH 同工酶亚基组成不同，分子大小不同，在同一 pH 溶液中所带电荷不同，因此在电场中泳动速度不同。本实验系用琼脂糖凝胶作支持介质，在 pH8.6 的巴比妥缓冲液中电泳，将 LDH 同工酶分离。电泳后，将凝胶置于基质显色液中保温，在氧化型辅酶Ⅰ存在时，LDH 催化乳酸脱氢生成的 $NADH+H^+$ 与人工受氢体吩嗪二甲酯硫酸盐(PMS)作用，PMS 再将氢传给氯化硝基四唑蓝(NBT)，使其还原为蓝紫色化合物，显示出 LDH 同工酶区带。

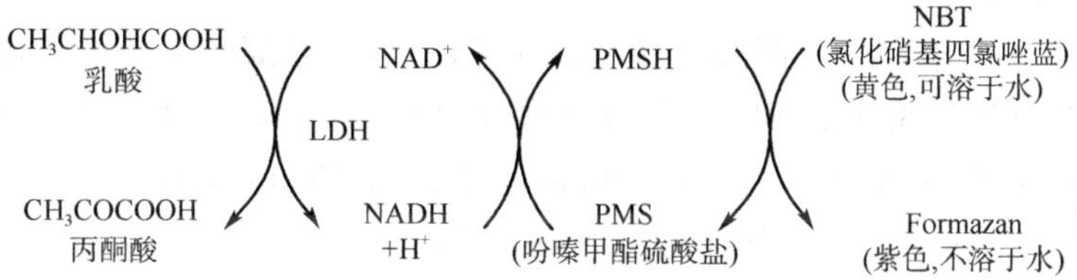

【试剂】

1. 0.7%琼脂糖凝胶液　称取琼脂糖 0.7g，加入 pH8.6 的巴比妥缓冲液 100 ml，水浴加热至溶解后备用。

2. 0.075mol/L 电泳缓冲液(pH8.6)　巴比妥钠 15.458g，巴比妥 2.768g，溶于蒸馏水，加热助溶，冷却后定容至 1000ml。

3. 显色剂　0.5mol/L乳酸钠溶液(用 pH7.4，0.1mol/L磷酸盐缓冲液配制)0.5ml，0.3%氯化硝基四唑蓝(NBT)水溶液 1.5ml，氧化型辅酶Ⅰ 5mg，0.1%吩嗪二甲酯硫酸盐(PMS)水溶液 0.2 ml，混匀，待氧化型辅酶Ⅰ溶解后使用。此试剂需临用前配制。

4. 10%乙酸溶液。

5. 25%尿素水溶液。

【器材】

电泳装置(电泳槽、电源等)、水浴锅、恒温箱、微量移液器等。

【操作】

1. 凝胶板的制作　吸取已融化的琼脂糖凝胶溶液 2.5ml，注于载玻片上，趁热将盖槽用的有机玻璃盖在距载玻片一侧近 1.5cm 处。

2. 点样及电泳　取下有机玻璃盖板，将凝固好的凝胶上显出点样小槽。将凝胶放入电泳槽中，点样端靠近负极，两端用四层在电极缓冲液中浸泡过的滤纸搭桥，用小滤纸片轻轻吸干槽中水分，用微量移液器加 20 μl 血清样品至点样孔中。按 4～5 mA/cm 胶宽电泳 40～50min，血清白蛋白距凝胶边界 1～2cm 时停止电泳。

3. 显色　停止电泳前配制显色剂，避光保存。电泳后将凝胶取出，置于带盖培养皿中，用滴管吸取显色剂均匀铺于凝胶上一薄层，置于 37℃恒温培养箱中避光保温 60min，待同工酶各区带充分显色后取出。从正极到负极依次为 LDH_1、LDH_2、LDH_3、LDH_4、LDH_5。LDH_4 一般位于原点处，而 LDH_5 往往在点样点之后。

4. 固定　将显色后的凝胶放入 10%冰乙酸中固定 10min，倾倒固定液，蒸馏水漂洗凝胶 2 次。

5. 观察　观察各区带呈色的深浅，确认 LDH 各同工酶与呈色强度的对应关系。

6. 定量分析

(1) 洗脱法：小心切下凝胶上各显色条带(另剪一处凝胶无色部分作为空白对照)，分别置于含有 3ml 25%尿素水溶液的试管中，混合，沸水浴 10min，待凝胶完全融化后，移至 37℃水浴中冷却 10min 后于波长 560nm 处比色，记录各条带吸光度值。计算各同工酶的百分含量。计算方法：

各类型同工酶含量(%)=各条带光密度值/各条带光密度之和×100%

(2) 光密度扫描法：将玻片底部擦干，放入光密度扫描仪上，在波长 560nm 处扫描并计算各区带百分含量。

【注意事项】

1. 显色后，在 LDH_1 前沿常常出现一块桃红色非特异性显色区域，该区域不是 LDH_1 的组成部分，切胶定量时应不予考虑。

2. 红细胞内 LDH 活性约为血清 LDH 的 100 倍，溶血标本会明显影响结果，应不予采用。

3. LDH_4、LDH_5 对冷热均敏感，应严格控制温度，底物显色液如超过 50℃，或血清标本放置温度过低，均容易破坏 LDH_4、LDH_5。

4. 显色时注意避光，显色保温温度可提高至 40℃。

【思考题】

1. LDH 同工酶测定时为何要严禁溶血？为何测定 LDH 的血清标本不能冷冻？

2. LDH 同工酶测定对疾病诊断的临床意义为何优于 LDH 总活性测定？
3. LDH 同工酶的特异性分布有何生物学意义？

(游 娟)

实验十五 氨基移换作用(纸层析法)

【目的】

1. 掌握氨基酸的转换作用。
2. 掌握分配层析的原理及纸上层析的操作方法。

【原理】

氨基移换作用是指在体内转氨酶的作用下，α-氨基酸的 α-氨基转移到 α-酮酸上的过程。催化此反应的转氨酶也称为氨基转移酶，具有一定的专一性，广泛存在于机体各组织器官中。体内各种转氨酶的活性不同，其中肝脏的谷氨酸-丙酮酸氨基转移酶(ALT)活性比较高，催化的反应如下：

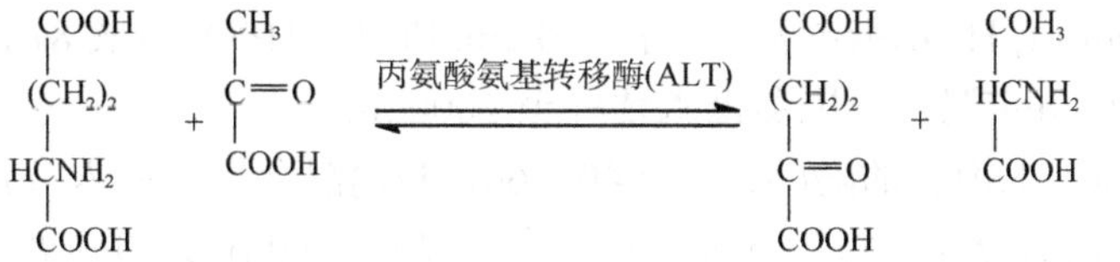

谷氨酸 丙酮酸 α-酮戊二酸 丙氨酸

本实验以谷氨酸与丙酮酸为底物，验证在肝匀浆中的 ALT 作用下是否可以发生氨基移换反应，通过纸层析法检测反应体系中是否有产物丙氨酸的生成来验证。

纸层析是以滤纸作为支持物的一种广泛应用的分配层析法，对氨基酸、肽类、核苷及核苷酸、糖、维生素等小分子物质的分离鉴定效果特别明显。分配层析的原理是根据不同溶质在互不相相溶的两种溶剂中的分配系数不同而将其分离。所谓分配系数是指溶质在两种互不相溶的溶剂中的溶解达到平衡时，该溶质在两种溶剂中的浓度比。在等温等压条件下可用下式表示：

$$K = \frac{K_2}{K_1}$$

式中 K 为分配系数，K_1 是溶质在流动相中的浓度，K_2 是溶质在固定相中的浓度。不同物质因其性质不同其分配系数也不相同。

纸层析以滤纸为惰性支持物。由于滤纸纤维和水有较强的亲和力，能吸附 22% 左右的水，而滤纸纤维与有机溶剂的亲和力甚弱，所以层析时以滤纸纤维吸附的水为固定相，而以水饱和的有机溶剂为流动相。把氨基酸的混合样品点在滤纸上，当流动相通过毛细管作用沿滤纸流动经过样品点时，样品上的各种氨基酸必然在水(固定相)与有机溶剂(流动相)之间进行分配，不同氨基酸的极性和结构不同，它们在固定相和流动相中的分配系数就不同，随着流动相的移动进行连续和动态的不断分配，其移动速度也就不同，从而得以分离纯化。如果溶质在固定相中溶解度越大，该溶质在纸上随流动相移动速度就越慢，反之越快。溶质在纸上移动速率可用 R_f 值表示：

$$R_f = \frac{\text{原点到层析点中心的距离}}{\text{原点到溶剂前沿的距离}}$$

R_f 值主要决定于被分离物质在两相间的分配系数与两相的体积比。在同一实验条件下两相体积比为一常数，故 R_f 值主要决定因素是分配系数。不同物质因分配系数不同，R_f 值也不同。参照标准物的 R_f 值可以确定被测物。

【试剂】

1. 1%谷氨酸溶液　称取谷氨酸 1g，加入蒸馏水 20ml，用 5% KOH 溶液调到中性，然后用 0.01mol/L(pH7.4)磷酸缓冲液稀释至 100ml。

2. 1%丙酮酸钠溶液　称取丙酮酸钠 1g，加入 0.01mol/L pH7.4 磷酸盐溶解成 100ml。

3. 2%乙酸溶液。

4. 0.01mol/L(pH7.4)磷酸盐缓冲液　0.2mol/L Na_2HPO_4 溶液 81ml 与 0.2mol/L NaH_2PO_4 溶液 19ml 混匀，用蒸馏水稀释至 2000ml。

5. 展开剂　水饱和的酚(水∶酚=40∶60，V/V)混合后，放入分液漏斗中，振荡。静置 24h 以后分层，将下部酚层放到瓶中备用)。新配制的酚展开剂可以反复使用一周。

6. 0.1%丙氨酸溶液　0.1g 丙氨酸，用 0.01mol/L(pH7.4)磷酸盐缓冲液配制成 100ml。

7. 0.1%谷氨酸溶液　取 1%谷氨酸溶液，用 0.01mol/L(pH7.4)磷酸盐缓冲液稀释 10 倍。

8. 0.1%茚三酮乙醇溶液。

【器材】

剪刀、小天平、研钵或玻璃匀浆器、离心机、恒温水浴箱、烘箱或电热吹风筒、圆形滤纸(直径 11cm)、喷雾器、沸水浴锅、毛细管

【操作】

1. 肝匀浆制备　取小鼠一只，断头处死后，立即剖腹取出肝脏，用 0.9%NaCl 溶液洗去血液并用滤纸吸干。称取肝脏约 1g，置研钵中(或玻璃匀浆器)，加入 0.01mol/L pH7.4 磷酸盐缓冲液 5ml，迅速研磨成匀浆。

2. 转氨酶反应

(1) 取试管 2 支，分别标明测定管与对照管，各加入肝匀浆 0.5ml(10 滴)。将对照管置沸水浴中煮 5 分钟后用流水冷却。

(2) 于测定管和对照管中各加入 1%谷氨酸溶液 0.5ml(10 滴)，1%丙酮酸钠溶液 0.5ml(10 滴)，摇匀，同置 40℃水浴中保温 30min。

(3) 保温完毕后，取出试管。各加 0.1ml(2 滴)2%乙酸溶液，放入沸水浴中 5min。取出冷却，静置 10min，上清液留作层析鉴别用。

3. 层析验证

(1) 取直径 11cm 圆形滤纸一张，用铅笔过圆心轻轻画一个相互垂直的十字线，十字线长度为 3cm。在距圆心 1cm 的线上再分别画一个小十字作为点样位置，用铅笔标明 1、2、3、4。

(2) 用四根毛细玻璃管分别吸取测定管上清液、0.1%丙氨酸溶液、对照管上清液、0.1%谷氨酸溶液，依次点在滤纸上标明记号的原点处(即小十字的交点处)，注意斑点直径不应大于 3mm，待干后，再重复点样二次。晾干点样位置后进行层析展开。

(3) 在滤纸圆心处穿一小孔(直径为 1～2mm)，另取一同类滤纸小条(2cm×1cm)卷成筒状，直径约为 1～2mm，并将其下端剪成刷状，将此小筒插入滤纸中心小孔(不要突出于纸面)(图 2-3-3)。

(4) 将展开剂(水饱和的酚溶液)加入到直径为 3～5cm 的干燥表面皿中，表面皿置于直径 11cm 培养皿正中。将滤纸平放在培养皿上，小筒浸入展开剂中，将另一同样大小培养皿盖上。展开剂沿小筒上升到滤纸，再向四周扩展，约 30min 后，展开剂前缘距滤纸边缘约 1cm 时即可取出。

(5) 取出滤纸用热风吹干或置 60℃培养箱中干燥。喷以 0.1%茚三酮乙醇溶液，再用热风吹干。用铅笔圈下各显色斑点，观察层析出现的色斑。

氨基酸层析装置见图 2-3-4。

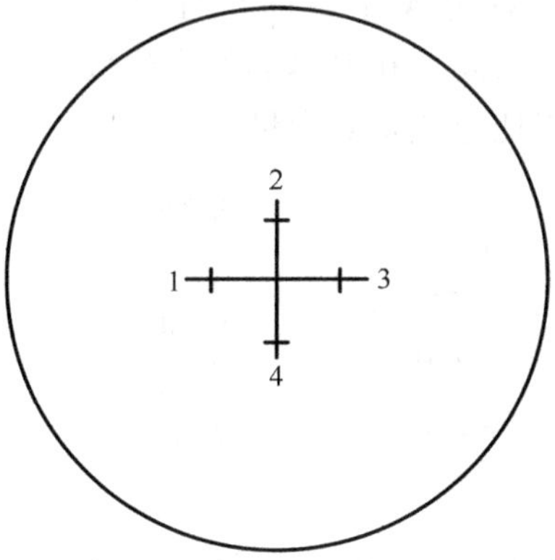

图 2-3-3 层析滤纸的准备

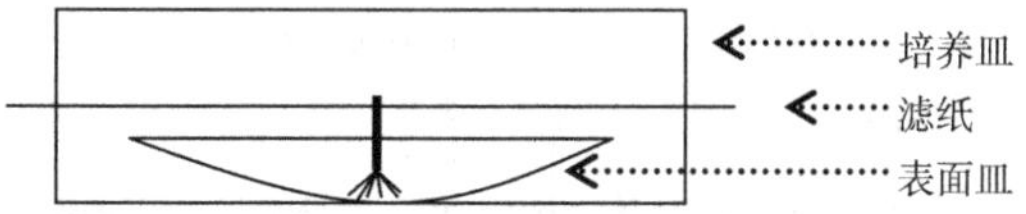

图 2-3-4 滤纸层析装置示意图

【结果】

计算各色斑的 R_f 值，并根据标准谷氨酸和丙氨酸的 R_f 值分析层析现象。

【注意事项】

1. 不要折叠圆形滤纸，以免破坏层析滤纸结构均一性。

2. 操作过程中应注意手指的清洁，拿取圆形滤纸时，应使用镊子，避免手指污染。否则在茚三酮喷雾后，污染区会出现色斑，影响实验结果和图谱的整洁。

3. 展开剂(水饱和的酚溶液)具有强腐蚀性，小心使用。如果水饱和的酚洒在皮肤上，应迅速用大量肥皂水冲洗。如果皮肤依然疼痛，还应用酒精擦洗皮肤。

4. 由于谷氨酸、丙酮酸在肝匀浆中可循其他代谢途径分解和转化，影响转氨基过程的观察。因此在反应体系中添加一碘乙酸(或一溴乙酸)以抑制谷氨酸和丙酮酸的其他代谢。

【思考题】

1. 此次层析实验中采用的固定相和流动相分别是什么？

2. 加入 2%乙酸的作用是什么？

(李春梅)

实验十六　血清丙氨酸氨基转移酶活性测定

【目的】

1. 熟悉血清丙氨酸氨基转移酶活性测定的方法。

2. 掌握血清丙氨酸氨基转移酶活性测定的临床意义。

【原理】

底物丙氨酸和 α-酮戊二酸，在丙氨酸氨基转移酶(ALT 或称 GPT 即谷丙转氨酶)的作用下，生成丙酮酸和谷氨酸，丙酮酸能与 2,4-二硝基苯肼结合生成丙酮酸二硝基苯腙，后者在碱性溶液中呈现棕色，可以比色测定其含量。

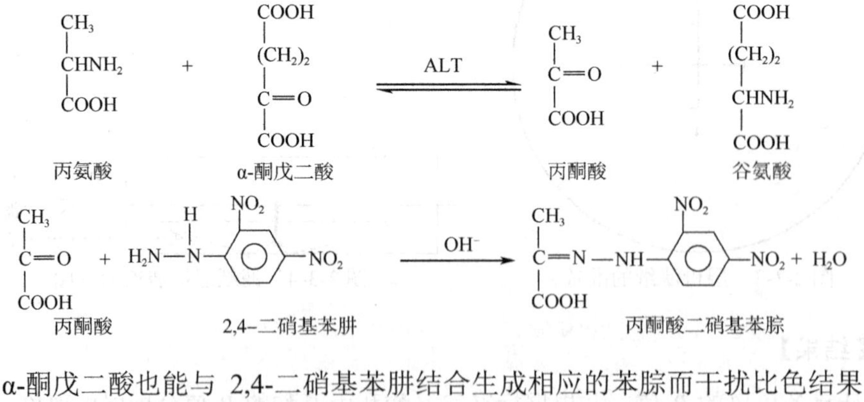

α-酮戊二酸也能与 2,4-二硝基苯肼结合生成相应的苯腙而干扰比色结果。但是：①α-酮戊二酸二硝基苯腙在碱性溶液中的吸收光谱与丙酮酸二硝基苯腙有所不同，α-酮戊二酸二硝基苯腙在 520nm 处的光吸收远较丙酮酸二硝基苯腙为低；

②在反应后，α-酮戊二酸减少而丙酮酸增加，使干扰减少。故520nm处吸光度增加之程度与反应体系中丙酮酸含量的增加基本呈线性关系。

改良穆氏法、金氏法及赖氏法都是基于上述原理建立起来的。

【试剂】

1. 0.1mol/L 磷酸缓冲液(pH7.4)。

2. 底物溶液　精确称取 *D,L*-丙氨酸 1.79g 和 α-酮戊二酸 29.2mg，先溶于约 50ml 0.1mol/L 磷酸缓冲液(pH7.4)中，然后以 1mol/L NaOH 校正 pH 到 7.4，再用 0.1mol/L 磷酸缓冲液(pH7.4)稀释到 100ml。分装成小体积，置于冰箱保存。

3. 2,4-二硝基苯肼贮存液　精确称取 2,4-二硝基苯肼 396mg，溶于 10mol/L 硫酸 100ml，此溶液盛于棕色瓶内(可长期保存)。

4. 2,4-二硝基苯肼应用液　精确量取 2,4-二硝基苯肼贮存液 10ml，用蒸馏水稀释至 200ml 备用。

5. 0.4mol/L NaOH。

【器材】

刻度吸量管、微量移液枪、水浴锅、分光光度计。

【操作】

1. 标准曲线绘制　取试管 6 支，按表 2-3-6 操作：

表 2-3-6　标准曲线绘制加样操作表(单位：ml)

试剂	对照	1	2	3	4	5
丙酮酸标准液(2mmol/L)	0	0.05	0.10	0.15	0.20	0.25
底物溶液	0.50	0.45	0.40	0.35	0.30	0.25
0.1mol/L 磷酸缓冲液(pH7.4)	0.10	0.10	0.10	0.10	0.10	0.10
处理	混匀，置于 37℃水浴中保温 5min，然后各管加入					
2,4-二硝基苯肼	0.50	0.50	0.50	0.50	0.50	0.50
处理	混匀，置于 37℃水浴中保温 20min，然后各管加入					
0.4mol/L NaOH	5.00	5.00	5.00	5.00	5.00	5.00
处理	混匀，10min 后以对照管调零，在 520nm 波长处测定各管的吸光度					
A_{520} 测定结果						
相当于 ALT 酶单位	0	28	57	97	150	200

以吸光度为纵坐标，各管相应的转氨酶单位为横坐标，绘制成标准曲线。

2. 酶活性测定　取试管 2 支，编号，按表 2-3-7 操作。

表 2-3-7 酶活性测定加样操作表(单位：ml)

试剂	对照管	测定管
血清	—	0.10
0.1mol/L 磷酸缓冲液(pH7.4)	0.10	—
底物溶液	0.50	0.50
处理	混匀，置于 37℃水浴中保温 30min，然后各管加入	
2,4-二硝基苯肼	0.50	0.50
处理	混匀，置于 37℃水浴中保温 20min，然后各管加入	
0.4mol/L NaOH	5.00	5.00
处理	混匀，10min 后以对照管调零，用 520nm 波长比色	
A_{520} 测定结果		

从标准曲线上查出样品转氨酶活力单位。

【注意事项】

1. 酶的活力与温度有密切的关系，应保证反应温度为 37℃。

2. 该方法不是终点法，反应时间与酶活性测定结果有密切关系。应保证在样品测定时，加底物后的反应时间为准确的 30min。

【临床意义】

1. 急性肝炎和中毒性肝细胞坏死时血清 ALT 显著增高。

2. 慢性肝炎、肝癌、肝硬化及心肌梗死时血清 ALT 中度增高。

3. 阻塞性黄疸和胆道炎症时血清 ALT 中度增高。

【方法评价】

1. 测定血清 ALT 活性的定点比色法包括改良穆氏法、金氏法及赖氏法，三种方法的原理、试剂和操作步骤(包括血清、试剂用量及作用温度等)基本相同。在酶的作用时间上金氏法为 60min，其余两种为 30min。

2. 三种方法的主要不同点在其单位定义和标准曲线的绘制方法，因此，测定结果的单位数值也不相同。由于改良穆氏法单位定义不合理及金氏法酶作用时间太长等缺点，目前推广使用赖氏法。

3. 赖氏法的优点是标准曲线中两种酮酸的量客观反映酶作用的实际情况；标准曲线上的单位数字也准确反映了酶活力大小，这是因为赖氏单位的制定过程是用准确度较高、不受 α-酮戊二酸影响的卡门(Karman)单位进行校正，因此在很大程度上消除了 α-酮戊二酸对呈色反应结果的影响。

4. ALT 测定尚可用“ALT-苹果酸脱氢酶偶联法”。

【附注】

标准曲线中赖氏单位的确定。

Karman 用 NADH 使转氨基反应中生成的丙酮酸还原成乳酸；在此同时 NADH 脱氢氧化为 NAD^+。因 NADH 在 340nm 处有一光吸收峰，而 NAD^+无此吸收峰，故表现为 A_{340} 的下降。A_{340} 下降的程度与在转氨反应中丙酮酸的生成量成反比并完全不受 α-酮戊二酸的干扰。在 D=1，25℃的条件下，1ml 血清在底物及 NADH 足量时(反应体系总量 3ml)，1min 能使得 A_{340} 下降 0.001 的酶活力称为五个卡门(Karman)单位。卡门(Karman)单位能客观地反映 ALT 实际活力，但测定所需要仪器、试剂(NAD)昂贵，操作繁琐，难以在临床检验中使用。故只用于校正以呈色反应(见原理及操作部分)测得的丙酮酸生成量的数值，求得所谓"丙酮酸相关系数"，并用此系数来确定标准曲线中与不同标准丙酮酸量对应的酶活力单位数——此即赖氏单位。

由于上述关系，标准曲线中丙酮酸的含量按一定规律递变，但相应的酶活力(赖氏单位)却不按此规律递变。

(顾取良)

第四章　生物大分子的分离实验

实验十七　分子筛柱层析(葡聚糖凝胶过滤)

【目的】

熟悉 Sephadex 分子筛层析的原理及基本方法。

【原理】

分子筛层析是分离蛋白质、酶、核酸等生物大分子的常用手段。葡聚糖凝胶(商品名 Sephadex)是最常用的一种具有分子筛作用的物质。

分子筛层析主要用于分子量有明显差异的不同物质的分离。不同型号(交联度、孔径不同)的 Sephadex 应用于不同分子量范围。本实验应用 SephadexG-25 分离蓝色葡聚糖(Mr＞200 万，蓝色)、细胞色素 *C*(Mr=12400，红色)及重铬酸钾(Mr=294，黄色)。

原理请详见第一篇第三章的层析技术。

【试剂】

1. Sephadex G-25(或用 G-50)。
2. 4mg/ml 蓝色葡聚糖溶液。
3. 6mg/ml 细胞色素 *C* 溶液。
4. 2mg/ml 重铬酸钾溶液。

【器材】

具塞玻璃层析管。

【操作】

1. 凝胶溶胀　取 Sephadex G-25 30g 置于 1000ml 大烧杯中，加蒸馏水 500ml 浸泡 4h(若急用，可煮沸 1h)，使 Sephadex 充分溶胀。

2. 装柱　取 1cm×20cm 层析柱垂直装好，关闭下出水口，将已膨胀好的 Sephadex G-25 搅匀为悬液，小心倒入层析柱内(不要倒满，差 3～4cm 到上口)。待凝胶开始沉降后，打开下水口，让水缓缓流出。适时添加 Sephadex 悬液，使柱内的 Sephadex 沉降高度达 10cm 左右，关闭出水口留用。注意不要让 Sephadex 上方的水层流尽，至少保留 1～2cm 水层。

上述溶胀的凝胶约可装柱 10 根。

3. 上样

(1) 将层析柱出水口打开，缓缓放出柱内液体，待 Sephadex 柱的液面刚好进入凝胶表面，立即关闭下口。

(2) 取 4mg/ml 蓝色葡聚糖液、2mg/ml 重铬酸钾液各 10 滴，在小试管内混匀，用滴管加于 Sephadex 凝胶表面上。加样时必须轻柔，不能使 Sephadex 凝胶表面凹凸不平或向一边倾斜。为此，加样时应注意：①加样滴管下口要靠近凝胶面(距 1cm 以内)，沿层析柱内壁加入；②缓缓滴加，不可过快。

(3) 打开层析柱下口，缓缓放出柱内液体。待 Sephadex 表面的混合样品刚好全部进入 Sephadex 凝胶柱后，关闭下口。

(4) 从上口小心加入蒸馏水，使之成 1～2cm 高的水柱。

4. 洗脱及分步收集

(1) 打开出水口，使柱内液体缓缓流出。调节流速为 0.3ml/min 左右。此时应不断从上口加入蒸馏水，切勿使 Sephadex 凝胶表面的水柱流尽。

(2) 取小试管 20 支，编号(1～20)、按顺序置于试管架上。从 1 号管开始收集洗脱液，1ml/管(约 3～4min 收集 1 管)。

(3) 不同颜色的物质以不同的速度通过 Sephadex 凝胶柱，先后流出而被收集于不同的小试管内。注意观察两种颜色出现的先后，并观察其深浅程度，以–、＋、＋＋、＋＋＋等记录之。

(4) 一直洗脱及收集至全部黄色物质从层析柱流出为止(一般收集不应少于 20 管)。

(5) 注意在收集过程务必不断地从上口小心地滴加蒸馏水，不使 Sephadex 凝胶柱干枯断裂。

(6) 收集完毕即关闭下出水口。

5. 实验完毕，将 Sephadex 回收，可以重复多次使用。

6. 绘制洗脱曲线 以洗脱管数(管号)为横坐标，以各管颜色深浅为纵坐标绘制示意洗脱曲线(分子筛层析洗脱曲线图)(见图 2-4-1)。

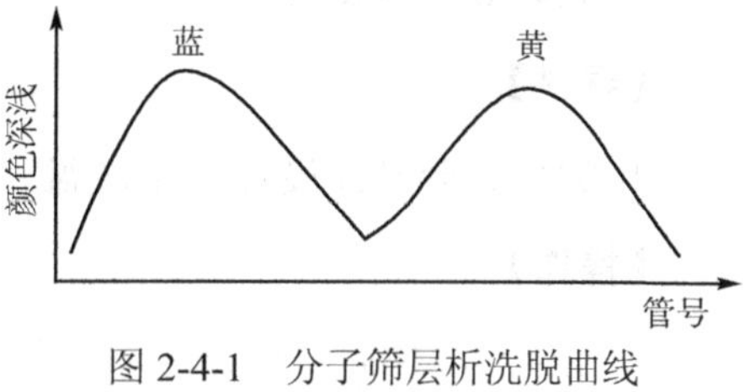

图 2-4-1　分子筛层析洗脱曲线

【思考题】

1. 利用凝胶层析法分离混合样品，怎样才能得到较好的分离效果？

2. 比较凝胶层析与纸层析在实验原理上的区别？

(李　荷)

实验十八 血清蛋白醋酸纤维素薄膜电泳

【目的】

1. 学习并掌握醋酸纤维素薄膜电泳的原理及操作。
2. 了解如何测定人血清中各种蛋白质的相对百分含量。

【原理】

由于不同的蛋白分子在同一环境中解离情况不同、分子大小不同等差异，电泳时可将其分离。醋酸纤维素薄膜电泳具有分离速度快、区带清晰、操作简便等优点。血清含多种蛋白质，用醋酸纤维素薄膜电泳可分为五个区带，经固定染色后不仅可看到清晰的色带，而且可定量测定，计算出各种蛋白质的百分含量，其正常值如下：

A(白蛋白)	57%～72%
α1 球蛋白	2%～5%
α2 球蛋白	4%～9%
β 球蛋白	6.5%～12%
γ 球蛋白	10%～20%

某些肝、肾疾病患者上述蛋白含量会发生改变。

【试剂】

1. 巴比妥缓冲液(pH8.6，离子强度 0.06) 巴比妥钠 12.7g，巴比妥 1.66g，先加水少量，小心加热溶解，最后用蒸馏水定容为 1000ml，4℃保存。

2. 氨基黑 10B 染色液 氨基黑 10B 0.5g，甲醇 50ml，冰乙酸 1.0ml，蒸馏水 40ml。

3. 漂洗液 95%乙醇溶液 45ml，冰乙酸 5ml，蒸馏水 50ml，按比例混匀。

4. 0.4mol/L NaOH 溶液。

【器材】

电泳仪、分光光度计、染液盘、漂洗盘、镊子(或竹夹子)

【操作】

1. 浸泡 将醋酸纤维薄膜切成 8cm×2cm 条状，浸于巴比妥缓冲液，待完全浸透后，取出置于滤纸上，轻轻吸去多余的缓冲液。

2. 点样 在薄膜的无光泽面的一端 1.0cm 处(不要接触边沿)，用小玻片蘸取少许血清，垂直印于膜上，待样品浸入膜后，将薄膜有样品的一面向下(以防蒸发干)贴在电泳槽架上，两端用数层浸湿的滤纸(或纱布)作盐桥贴紧。(其他样品同样处理，若需标记，只能用铅笔书写于有光泽面的两端。)

3. 电泳 一般电压用 90～120V，电流约 0.4～0.6mA/cm，通电 45 至 60min，待电泳区带展开约 25～35mm 后关闭电源。

4. 染色 通电完毕，将薄膜直接浸于染色液中，3～5min 后取出放入另一盘中，用漂洗液浸洗数次，每次 3min，至脱色使背景无色为止。染色完毕，将染色液倒回原瓶，漂洗液注入回收瓶。

5. 定量 将漂洗完毕的薄膜吸干，剪下每种蛋白质色带，另于空白处剪一窄条薄膜，分别放入有 5ml 0.4mol/L NaOH 的中试管内，振摇数次，使染料色泽浸出，30min 后，分别于 500nm 处读吸光度(空白薄膜条浸出液作空白对照)。

6. 计算 吸光度总和 T 为各种蛋白吸光度的总和：$T=A+\alpha_1+\alpha_2+\beta+\gamma$。

分别计算每种蛋白的百分数：

$$A白蛋白(\%)=\frac{A}{T}\times 100$$

$$\alpha_1球蛋白(\%)=\frac{\alpha_1}{T}\times 100\%$$

$$\alpha_2球蛋白(\%)=\frac{\alpha_2}{T}\times 100\%$$

$$\beta球蛋白(\%)=\frac{\beta}{T}\times 100\%$$

$$\gamma球蛋白(\%)=\frac{\gamma}{T}\times 100\%$$

现在许多实验室采用光密度计定量法：待薄膜完全干燥后，浸于透明液中约 5～10min，取出平贴在玻璃板上，完全干燥后成为透明的膜。然后在光密度计上测定吸光密度，并可绘制成曲线，或者直接计算出各种蛋白质的百分含量。

【注意事项】

1. 醋酸纤维素薄膜应充分浸泡润湿后才可点样。
2. 血清上样量不宜过多，要均匀，否则会导致电泳图谱分离不良。
3. 切勿用手接触薄膜表面，以免污染，影响电泳效果。

【思考题】

1. 为什么血清蛋白质电泳常采用 pH8.6 的巴比妥缓冲液？
2. 实验中为什么将薄膜的点样端放在负极？

(罗少洪)

实验十九 血清蛋白质聚丙烯酰胺凝胶电泳

【目的】

1. 加强对电泳基本原理的理解。
2. 学习和掌握聚丙烯酰胺凝胶电泳分离蛋白质的基本原理和操作技术。

【原理】

聚丙烯酰胺凝胶电泳(polyacrylamide gel electrophoresis，PAGE)是以聚丙烯酰胺凝胶为支持介质的圆盘电泳。单体丙烯酰胺(acrylamide，Acr)和交联剂甲叉双丙烯酰胺(*N*,*N'*-methylene bis-acrylamide，Bis)在催化剂作用下聚合形成的具有三维空间结构的凝胶体。它富有弹性，电渗作用小，对热稳定，机械强度大，是一种良好的电泳介质。聚合反应常用过硫酸铵(AP)及核黄素作催化剂，另外还加入四甲基乙二胺(TEMED)作为加速剂，聚丙烯酰胺凝胶是具有三维网状结构，改变 Acr 与 Bis 的比例可调节凝胶网孔大小，交联剂浓度越大，凝胶网孔越小。

聚丙烯酰胺凝胶电泳根据浓缩胶的有无，可分为不连续系统(浓缩胶和分离胶)和连续系统(仅有分离胶)两种，前者由于系统浓缩胶的存在，使样品在分离前就被浓缩成极薄的区带，从而可以提高分辨率；后者系统中各部分均相同，所以当样品浓度大、成分简单时，用连续系统即可得到满意的分离效果。不连续系统的聚丙烯酰胺凝胶电泳具有较高的分辨率，主要是其具有浓缩效应、电荷效应和分子筛效应。

1. 浓缩效应　凝胶由两种不同的凝胶层组成：上层为浓缩胶(大孔胶，缓冲液 pH 6.7)，下层为分离胶(小孔胶，缓冲液 pH 8.9)。在上下电泳槽内充以 Tris-甘氨酸缓冲液(pH 8.3)，这样便形成了凝胶孔径和缓冲液 pH 的不连续性。在浓缩胶中的 HCl 几乎全部解离为 Cl^-，Cl^-在电场中的迁移率大，故称为快离子；而甘氨酸只有极少部分解离为 $H_2NCH_2COO^-$，它在电场中迁移率很小，故称为慢离子。血清中的大部分蛋白质的等电点一般在 5 左右，在此条件下其解离程度在 HCl 和甘氨酸之间。当电泳系统通电后，这 3 种负离子都向阳极移动。其有效泳动率依次为 Cl^-＞蛋白质＞$H_2NCH_2COO^-$。电泳开始后，快离子在前，在它后面形成离子浓度低的区域即低电导区。电导与电压梯度成反比，所以低电导区有较高的电压梯度。这种高电压梯度使蛋白质和慢离子在快离子后面加速移动。在快离子和慢离子之间形成—个稳定而不断向阳极移动的界面。由于蛋白质的有效移动率恰好介于快慢离子之间，因此蛋白质离子就集聚在快慢离子之间被浓缩成—条狭窄带。这种浓缩效应可使蛋白质浓缩数百倍。

2. 电荷效应　样品进入分离胶后，慢离子甘氨酸全部解离为负离子，泳动速率加快，很快超过蛋白质，高电压梯度随即消失。此时蛋白质在均一的外加电场下泳动，但由于蛋白质分子所带的有效电荷不同，使得各种蛋白质的泳动速率不同而形成不同的区带而分离。

3. 分子筛效应　各种蛋白质分子由于分子大小和形状的不同，因而通过一定孔径的分离胶时所受的阻力不同，表现出不同的泳动速率而被分开。蛋白质分子越小，分离样品所受的阻力越小，则其在电场中的迁移率越大。

本实验对血清蛋白采用不连续聚丙烯酰胺凝胶电泳分离，氨基黑染色、乙酸脱色后，观察其组成和相对含量(血清蛋白通过聚丙烯酰胺凝胶电泳一般可分出12～16条区带)。

【试剂】

1. 30%丙烯酰胺(含 Bis)　称取丙烯酰胺(Acr)30 g，甲叉双丙烯酰胺(Bis)0.8 g，加蒸馏水定容至 100 ml，将未溶物滤去，盛于棕色瓶中，4 ºC 冰箱保存，可使用 1 个月。

2. 分离胶缓冲液(Tris-HCl 缓冲液，pH 8.9)　称取 Tris 36.3 g，加 1 mol/L 盐酸 48.0 ml，加蒸馏水至 80 ml，调节 pH 值至 8.9，再用蒸馏水定容至 100 ml，置棕色瓶中，4 ºC 冰箱保存。

3. 浓缩胶缓冲液(Tris-HCl 缓冲液，pH 6.7)　称取 Tris 5.98 g，加 1 mol/l 盐酸 48.0 ml，加蒸馏水至 80 ml，调节 pH 值至 6.7，再用蒸馏水定容至 100 ml，置棕色瓶中，4 ºC 冰箱保存。

4. 1%TEMED(四甲基乙二胺，加速剂)　TEMED 1 ml，加蒸馏水 99 ml 混匀，4 ºC 冰箱保存。

5. 10 g/L 过硫酸铵(催化剂)　称取过硫酸铵 1 g，加蒸馏水至 100 ml。临用前配制。

6. 250 g/L 蔗糖溶液　称取蔗糖 25g，加蒸馏水至 100 ml。

7. 0.5 g/L 溴酚蓝　称取溴酚蓝 50 mg，溶于 100 ml 0.005 mol/L NaOH 溶液中。

8. 10 %氨基黑 10B。

9. 洗脱液　7%乙酸水溶液。

10. 电极缓冲液(pH8.3)　称取 Tris 6 g、甘氨酸 28.8 g，加蒸馏水 850 ml，调节 pH 为 8.3，再用蒸馏水定容至 1 000 ml。使用时稀释 5 倍。

【器材】

盘状电泳装置、凝胶玻管(长 10～12 cm，内径约 0.4 cm)、凝胶柱制备架、细长滴管、微量取样器、20 ml 玻璃注射器、7#长局麻针头。

【操作】

1. 凝胶柱的配制

(1) 将小玻璃管一头插入橡皮塞，垂直放于试管架中。

(2) 按表 2-4-1 配制分离胶溶液于小烧杯中。

表 2-4-1 分离胶溶液配制表

试剂	分离胶(ml)	浓缩胶(ml)
30 %丙烯酰胺(含 Bis)	2.50	0.50
分离胶缓冲液 pH8.9	1.25	—
浓缩胶缓冲液 pH6.7	—	0.63
蒸馏水	5.25	3.27
1 %TEMED(加速剂)	0.50	0.10
10 g/L 过硫酸铵(催化剂)	0.50	0.50

注：分离胶浓度为 7.5%；本实验不制备浓缩胶，故下述(6)、(7)可免。

(3) 用滴管吸取分离胶溶液，沿管内壁缓缓注入胶液至离玻璃管上端约 1 cm 处。如有气泡，可轻轻叩打玻璃管，排除气泡。

(4) 立即用滴管沿凝胶管管壁加入蒸馏水至约 0.5 cm 高度处。

(5) 静置 15～30min，可见胶面和水面之间有一明显界面，表明分离胶已凝固。

(6) 倒掉蒸馏水，并用滤纸将多余水分吸干。

(7) 用滴管沿管内壁缓缓加入浓缩胶溶液，胶柱高 0.5～0.7 cm；并随即沿管壁缓慢细心加入蒸馏水约 0.5 cm 高度，静置半小时后使用。

2. 样品配制　取正常人(或兔)血清 0.2 ml，加入 250 g/L 蔗糖溶液 0.2 ml，再加入 0.5 g/L 溴酚蓝水溶液 0.1 ml，混合后作为样品溶液待用。

3. 电泳

(1) 选择合适(凝胶无气泡、裂缝、剥离或无聚合不匀)的凝胶管，去除蒸馏水和橡皮塞，将凝胶管中间套上胶套并插入圆盘电泳槽中间的空洞中，使胶管下端恰好离开下槽底部。

(2) 用滴管吸取电极缓冲液(Tris-甘氨酸)沿管壁慢慢加入凝胶管中，直至顶端。

(3) 加样：用移液枪吸取配好的血清样品液 10 μl，将样品轻轻加入凝胶管中。

(4) 在电泳槽的上槽和下槽中各加入电极缓冲液，使凝胶管的上、下端均被浸没。

(5) 将上层电泳槽的电极接电泳仪的负极，下槽接电泳仪的正极，接通电源。调节电压至 120 V，记录每管的电流数。待示踪染料迁移到离下口约 0.5 cm 处，切断电源(电泳时间约为 2h)。

4. 剥胶　从电泳槽中取出凝胶管，用带有 7#局麻针头的注射器吸取蒸馏水作润滑剂，将针头插入胶柱与管壁之间，边注水边推进注射针头，过程中可以适当转动凝胶管使针头沿着管内壁滑动，直至胶柱与管壁完全分开，然后用洗耳球轻轻在胶管的一端加压，使凝胶柱从凝胶管中缓慢滑出。

5. 染色　将凝胶置于大试管中，加入氨基黑 10B 染料浸过凝胶，染色 15min 左右。

6. 脱色　将已染色的胶柱浸泡于洗脱液中，浸泡至洗脱液与凝胶颜色相近，更换洗脱液。直至背景脱至无色(需换 3～4 次洗脱液)，蛋白区带清楚出现，此过程约需 7～8h。

【结果】

拍照或绘制血清蛋白的聚丙烯酰胺凝胶电泳示意图(注明电极、电泳方向)。

【注意事项】

1. 丙烯酰胺和甲叉双丙烯酰胺是神经性毒剂，并对皮肤有刺激作用，注意避免直接接触。大量操作(如纯化时)可在通风橱内进行。

2. 制胶时，加入过硫酸铵后应迅速混匀并将溶液转移至凝胶管，并注意凝胶管中不能有气泡出现。吸过配好凝胶液的吸管或滴管应迅速用大量水冲洗，以免凝胶在吸管或滴管内聚合，使吸管或滴管报废。另外，分离胶灌制后上层加水是为了防止空气中的氧气对凝胶聚合的抑制作用，加水时一定要特别小心，缓缓滴加，尽量减少胶液表面的振动与混合。

3. 装槽时要装稳、直、平。

4. 剥胶时要小心，针头很容易使凝胶表面损伤或损坏，影响电泳结果。

5. 丙烯酰胺和甲叉双丙烯酰胺固体应贮存于棕色瓶中，在干燥与较低温度(4℃)情况下以减少水解，但只能贮存 1～2 个月。通过测定 pH(4.9～5.2)来检查是否失效。失效液不能聚合。

6. 四甲基乙二胺要密封贮存，过硫酸铵溶液最好当天配制。

【思考题】

1. 不连续的聚丙烯酰胺凝胶电泳的分辨率高的原因是什么？

2. 凝胶柱上层水封的目的是什么？

(李春梅)

实验二十 蛋白质的分子量测定——SDS-聚丙烯酰胺凝胶电泳法

【目的】

1. 了解 SDS-聚丙烯酰胺凝胶电泳测定蛋白质相对分子量的注意事项。

2. 掌握 SDS-聚丙烯酰胺凝胶电泳测定蛋白质分子量的原理及实验操作。

【原理】

十二烷基硫酸钠-聚丙烯酰胺凝胶电泳(sodium dodecyl sulfate- polyacrylamide gel electrophoresis，SDS-PAGE)是目前最常用的一种分离蛋白质的电泳技术。聚丙烯酰胺凝胶是由丙烯酰胺 (acrylamide，Acr) 和交联剂 *N*,*N'*-甲叉双丙烯酰胺(*N*,*N'*-methylene-bisacylamide，Bis)在催化剂——过硫酸铵(AP)和 *N*,*N'*,*N'*,*N'*-四甲基

乙二胺(TEMED)作用下，聚合交联而成的具有网状立体结构的凝胶，并以此为支持物进行电泳。蛋白质在进行电泳时，其迁移率主要取决于分子大小、形状以及所带电荷多少。在聚丙烯酰胺凝胶系统中，加入一定量的十二烷基硫酸钠(SDS)，SDS 作为阴离子表面活性剂能破坏蛋白质分子内和分子间的氢键、疏水键及二硫键，从而破坏蛋白质的高级结构，并按一定的比例和蛋白质分子结合成短棒状复合物。如此，既降低或消除了蛋白质分子的形状差异，同时也使蛋白质带上远远超过其本身原有电荷的大量负电荷，进而掩盖了各种蛋白分子间天然的电荷差异。因此在进行 SDS-PAGE 时，蛋白质分子的迁移率不再受原有电荷和分子形状的影响，而取决于分子大小。在对蛋白质混合物进行电泳时，不同蛋白质由于具有不同的分子量而呈现不同的迁移速度，从而得以区分。

当蛋白质的分子量在 15～200kD 之间时，蛋白质的迁移率和分子量的对数呈线性关系，符合下列方程式：

$$\log MW = K - bX$$

式中：MW 为分子量，X 为迁移率，K、b 均为常数。

若将已知分子量的标准蛋白质的迁移率与其分子量对数作图，可获得一条标准曲线。通过这条标准曲线，就可以根据未知蛋白质在相同条件下进行电泳时的迁移率，求得其分子量。

SDS-PAGE 根据电泳形式可分为圆盘状和垂直板状系统，根据缓冲系统和凝胶孔径可分为连续系统和不连续系统。所谓“不连续”是指电泳体系由两种或两种以上 pH 不同的缓冲液和孔径不同的凝胶所组成。本实验介绍主要介绍用不连续垂直板状系统的 SDS-PAGE 测定蛋白质分子量。

【试剂】

1. RIPA 细胞裂解液。

2. 蛋白酶抑制剂混合物。按比例加入 RIPA 细胞裂解液中备用。

3. 蛋白质浓度定量标准液　配置 0.5mg/ml 的牛血清白蛋白溶液，按浓度梯度稀释。

4. 蛋白质分子量标准液　已知分子量的标准蛋白质按照每种蛋白终浓度 0.5~1mg/ml 混合，制成蛋白电泳分子量标准(marker)。

5. 30%聚丙烯酰胺凝胶贮存液：称取丙烯酰胺(Acr)29.2g 及 *N,N'*-甲叉双丙烯酰胺(Bis)0.8g，溶于去离子水中，最后定容至 100ml，过滤后置棕色试剂瓶中，于 4℃保存。

6. 10% SDS 溶液：称取 1g SDS 加入到 10ml 蒸馏水中完全溶解。SDS 在低温易析出结晶，用前微加热，使其完全溶解。

7. 四甲基乙二胺 (tetramethyl ethylenedia mine，TEMED)。

8. 10%过硫酸铵(AP)　称取 0.1g AP 加入到 1ml 蒸馏水中完全溶解。新鲜配制。

9. 上层浓缩胶缓冲液(1.0 mol/L Tris-HCl，pH6.8)　称取 Tris 12.1g，加入 90ml

蒸馏水，用 1mol/L 盐酸调节 pH 至 pH6.8，最后定容至 100ml。

10. 下层分离胶缓冲液(1.5 mol/L Tris-HCl，pH8.8) 称取 Tris 18.2g，加入 90ml 蒸馏水，用 1mol/L 盐酸调节 pH 至 pH8.8，最后定容至 100ml。

11. 电泳缓冲液(Tris-甘氨酸缓冲液，25mmol/L Tris、250mmol/L 甘氨酸、1% SDS，pH8.3) 通常配制成 5×贮存液备用：称取 Tris 15.1g，甘氨酸 94g，SDS 5.0g，加蒸馏水溶解，定容至 1000ml。

12. 1×上样缓冲液 取 SDS 100mg，β-巯基乙醇 0.1ml，甘油 1ml，溴酚蓝 2mg，Tris 缓冲液(0.2mol/L，pH7.2)0.5ml，加水至 10ml。(2×及 6×上样缓冲液即依照配方，在总体积不变的情况下，增加组分用量为 1×上样缓冲液的 2 倍或 6 倍)。

13. 染色液(0.25%考马斯亮蓝 R250) 0.25g 考马斯亮蓝 R250 溶解于含 45ml 甲醇、45ml 蒸馏水和 10ml 冰乙酸的混合液中，用 Whatman 1 号滤纸过滤除去颗粒状物质。

14. 脱色液 按甲醇：冰乙酸：水=25：10：65(V/V)混匀进行配制 。

15. 磷酸盐缓冲液(PBS) 称取 8g NaCl，0.2g KCl，1.44g Na_2HPO_4 和 0.24g KH_2PO_4 溶解于 900ml 蒸馏水中，用 HCl 调 pH 至 7.0，最后定容至 1000ml。

【器材】

垂直板型电泳槽、直流稳压电源、50μl 微量注射器、玻璃板、水浴锅、染色槽、烧杯、吸量管、长头滴管等。

【操作】

1. 准备与制胶

(1) 将玻璃板用蒸馏水洗净晾干，准备 2 个干净的锥形瓶。安装前，胶条、玻璃板、槽子都要洁净干燥；不要用手接触玻璃的灌胶面。

(2) 按要求安装好垂直板状电泳制胶模具。并预标记好梳齿插入后下缘的位置。

(3) 确定所需凝胶溶液体积(根据玻璃板的大小确定灌胶量，一般灌胶到距离梳齿下缘约 1cm)，按表 2-4-2 在洁净干燥烧杯中配制一定体积，相应浓度的分离胶溶液(TEMED 最后在注胶前再加入)，混匀，均匀快速加入固定好的玻璃板中。注胶过程最好一次性完成，避免产生气泡。然后加约 1ml 蒸馏水或正丁醇，静置 40min。

表 2-4-2 配制不同浓度 Tris-甘氨酸 SDS-PAGE 分离胶所用溶液

	凝胶浓度及溶液成分	不同体积(ml)分离胶溶液中各成分所需体积(ml)							
		5	10	15	20	25	30	40	50
6%分离胶	蒸馏水	2.6	5.3	7.9	10.6	13.2	15.9	21.2	26.5
	30%丙烯酰胺溶液	1.0	2.0	3.0	4.0	5.0	6.0	8.0	10.0
	分离胶缓冲液	1.3	2.5	3.8	5.0	6.3	7.5	10.0	12.5
	10% SDS	0.05	0.1	0.15	0.2	0.25	0.3	0.4	0.5
	10%过硫酸铵	0.05	0.1	0.15	0.2	0.25	0.3	0.4	0.5
	TEMED(μl)	4	8	12	16	20	24	32	40

续表

凝胶浓度	及溶液成分	不同体积(ml)分离胶溶液中各成分所需体积(ml)							
		5	10	15	20	25	30	40	50
8%分离胶	蒸馏水	2.3	4.6	6.9	9.3	11.5	13.9	18.5	23.2
	30%丙烯酰胺溶液	1.3	2.7	4.0	5.3	6.7	8.0	10.7	13.3
	分离胶缓冲液	1.3	2.5	3.8	5.0	6.3	7.5	10.0	12.5
	10% SDS	0.05	0.1	0.15	0.2	0.25	0.3	0.4	0.5
	10%过硫酸铵	0.05	0.1	0.15	0.2	0.25	0.3	0.4	0.5
	TEMED(μl)	3	6	9	12	15	18	24	30
10%分离胶	蒸馏水	1.9	4.0	5.9	7.9	9.9	11.9	15.9	19.8
	30%丙烯酰胺溶液	1.7	3.3	5.0	6.7	8.3	10.0	13.3	16.7
	分离胶缓冲液	1.3	2.5	3.8	5.0	6.3	7.5	10.0	12.5
	10% SDS	0.05	0.1	0.15	0.2	0.25	0.3	0.4	0.5
	10%过硫酸铵	0.05	0.1	0.15	0.2	0.25	0.3	0.4	0.5
	TEMED(μl)	2	4	6	8	10	12	16	20
12%分离胶	蒸馏水	1.6	3.3	4.9	6.6	8.2	9.9	13.2	16.5
	30%丙烯酰胺溶液	2.0	4.0	6.0	8.0	10.0	12.0	16.0	20.0
	分离胶缓冲液	1.3	2.5	3.8	5.0	6.3	7.5	10.0	12.5
	10% SDS	0.05	0.1	0.15	0.2	0.25	0.3	0.4	0.5
	10%过硫酸铵	0.05	0.1	0.15	0.2	0.25	0.3	0.4	0.5
	TEMED(μl)	2	4	6	8	10	12	16	20
15%分离胶	蒸馏水	1.1	2.3	3.4	4.6	5.7	6.9	9.2	11.5
	30%丙烯酰胺溶液	2.5	5.0	7.5	10.0	12.5	15	20	25
	分离胶缓冲液	1.3	2.5	3.8	5.0	6.3	7.5	10.0	12.5
	10% SDS	0.05	0.1	0.15	0.2	0.25	0.3	0.4	0.5
	10%过硫酸铵	0.05	0.1	0.15	0.2	0.25	0.3	0.4	0.5
	TEMED(μl)	2	4	6	8	10	12	16	20

(4) 确定分离胶凝固(观察分界线)后将水或正丁醇倒出，并用滤纸把剩余的水或正丁醇吸干。将按比例(见表 2-4-3)将配好的上层浓缩胶连续平稳地加入至边缘 5mm 处，迅速插入加样梳，静置 40min。

表 2-4-3 配制不同体积 Tris-甘氨酸 SDS-PAGE 5%浓缩胶所用溶液

5%浓缩胶溶液成分	不同体积(ml)浓缩胶溶液中各成分所需体积(ml)							
	1	2	3	4	5	6	8	10
蒸馏水	0.68	1.4	2.1	2.7	3.4	4.1	5.5	6.8
30%丙烯酰胺溶液	0.17	0.33	0.5	0.67	0.83	1.0	1.3	1.7
浓缩胶缓冲液	0.13	0.25	0.38	0.5	0.63	0.75	1.0	1.25
10% SDS	0.01	0.02	0.03	0.04	0.05	0.06	0.08	0.1
10%过硫酸铵	0.01	0.02	0.03	0.04	0.05	0.06	0.08	0.1
TEMED	1	2	3	4	5	6	8	10

(5) 浓缩胶完全凝固后，将凝胶板固定于电泳装置上，加入 Tris-甘氨酸电泳缓冲液，缓慢平稳拔出样梳，用加样微量注射器吸取缓冲液冲洗样品孔，待上样。

2. 样品的准备

(1) 培养贴壁细胞至细胞融合度达到 70%～80%。

(2) 吸去培养液后用磷酸盐缓冲液冲洗细胞 2 遍。

(3) 加入适量的预冷的 RIPA 裂解液后置于冰上 10～20min。(每 10^6 个细胞加入 100μl 裂解液)

(4) 用细胞刮刮下细胞，收集在 EP 管中。

(5) 于 4℃以 12 000*g* 离心 15min，取上清。

(6) 取少量上清进行定量(具体参见蛋白定量实验)。

(7) 将所有蛋白样品用裂解液调至等浓度。

(8) 取蛋白总量 30μg 的蛋白裂解样品，按比例加入上样缓冲液(比如：加入等体积的 2×上样缓冲液或 1/5 体积的 6×上样缓冲液)，于 95℃加热 5min。冷却后上样。剩余蛋白裂解样品置–70℃保存。

3. 电泳

(1) 样品上样。用微量注射器，把样品缓缓注入加样孔底部。样品两侧的泳道用等体积的 1×上样缓冲液上样，Marker 也用 1×上样缓冲液调整至与样品等体积后上样。

(2) 于 50V 电压(8V/cm)下电泳 40min，观察上层浓缩胶对于样品的压缩；然后调整电压至 100V(15V/cm)继续电泳，在溴酚蓝泳动至胶下缘时结束电泳。

4. 染色

(1) 电泳结束后，撬开玻璃板，将凝胶板做好标记后放在大培养皿内，加入考马斯亮蓝染色液进行染色。最好将培养皿置于水平摇床上低速振摇，均匀染色 4h 以上。

(2) 染色后，移出并回收染色液，将凝胶用蒸馏水漂洗数次，再浸泡于脱色液中脱色。水平摇床低速振摇脱色，直到背景无色，蛋白质区带清晰。期间需更换脱色液 3～4 次。

5. 计算

(1) 测量溴酚蓝和蛋白样品(包括标准分子量蛋白和待测蛋白)距加样端距离，并计算相对迁移率(相对迁移率=蛋白样品距加样端距离/溴酚蓝距加样端距离)。

(2) 绘制标准曲线：以标准蛋白质分子量的分子量对数为纵坐标，以相对迁移率为横坐标作图，得到标准曲线。

(3) 根据待测样品相对迁移率，从标准曲线上查出其分子量对数，然后计算出待测蛋白的分子量。

【注意事项】

1. 蛋白质与 SDS 形成复合物时，需达到 1.4g SDS/1g 蛋白质的结合比率时，才能得到准确的结果。影响蛋白质与 SDS 结合的主要因素有以下三点：①溶液中 SDS 的单体浓度(>1mmol/L)，通常为蛋白质浓度的 5～10 倍；②溶液的离子强度，低离子强度的溶液中，SDS 单体才具有较高的平衡浓度，故溶液的离子强度最高不超过 0.26；③二硫键是否完全彻底还原。

2. 需根据所测蛋白质分子量范围，选择适宜浓度的分离胶(表 2-4-4)。

表 2-4-4 待分离蛋白质分子量范围与所对应分离胶浓度

蛋白质分子量范围	分离胶浓度(%)
$<10^4$	20～30
$(1\sim4)\times10^4$	15～20
$4\times(10^4\sim10^5)$	10～15
$(1\sim5)\times10^5$	5～10
$>5\times10^5$	2～5

3. 不是所有蛋白质都能通过 SDS-PAGE 测定其分子量，例如电荷异常、构象异常、带有较大辅基的蛋白质(如某些糖蛋白)及某些结构蛋白(胶原蛋白)。

4. 凝胶配制过程要迅速，催化剂 TEMED 要在注胶前再加入，否则凝结无法注胶。注胶过程最好一次性完成，避免产生气泡。在插入齿梳时要特别注意避免气泡残留。

5. 加样时尽量选择中间泳道。加样针头应置于加样孔中部，缓慢加入样品，避免凝胶刺破或样品溢出。

6. 脱色时要注意观察，避免过度脱色导致蛋白条带不易观察。

【思考题】

1. 影响 SDS-PAGE 分离蛋白的因素有哪些？
2. 怎样选择凝胶浓度？
3. 怎样判断分离凝胶是否聚合好？
4. 为什么要调整各上样孔中上样蛋白总量及体积的一致性？为什么电泳时样品两侧的泳道要加入等体积的上样缓冲液？
5. SDS-PAGE 除了用于测定蛋白质分子量大小外，还可用于哪些研究？

(何凤田　赵元茵)

第五章 其他生化指标的检测

实验二十一 食物中还原糖和总糖含量测定

糖类是生物体的生命活动能量的主要来源，也是生物体的结构成分，在植物的种子和果实中含有大量的糖类。动物体内糖的含量约占2%。食品中的总糖含量是指食品中含有的各种可被人类消化利用的糖类物质的总和，利用单糖、寡糖与多糖的溶解度不同可把它们分开。多糖和寡糖可以用酸水解法彻底水解成具有还原性的单糖进行测定，从而可以分别测得样品中还原糖和总糖的含量。还原糖是指含有游离醛基或酮基的糖类，所有的单糖(除二羟丙酮)均是还原糖，某些寡糖如麦芽糖也是还原糖；多糖和蔗糖则为非还原糖。还原糖的测定是糖定量测定的基本方法，可用多种方法进行，有斐林试剂比色法、3,5-二硝基水杨酸比色法、苯酚-硫酸法、铁氰化钾法、蒽酮比色法和碘量法等。

本实验以 3,5-二硝基水杨酸比色法和斐林试剂比色法测定藕粉和柚子中的还原糖和总糖的含量。

一、3,5-二硝基水杨酸比色法

【目的】

学习用3,5-二硝基水杨酸比色法测定还原糖和总糖的方法。

【原理】

在NaOH和丙三醇存在下，3,5-二硝基水杨酸(DNS)与还原糖共热后被还原生成氨基化合物。在过量的NaOH碱性溶液中此化合物呈棕红色，在540nm波长处有最大吸收，在一定的浓度范围内，还原糖的含量与光吸收值呈线性关系，利用比色法可测定样品中的含糖量。此方法具有简便、快速、灵敏度高等特点。

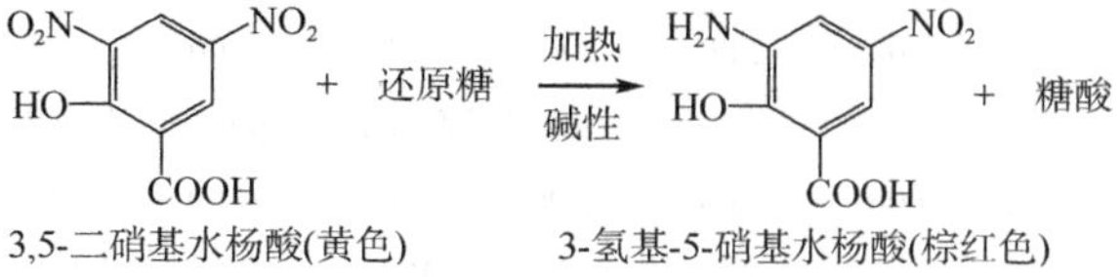

【试剂】

1. 藕粉。
2. 2mol/L NaOH 溶液　称取 40 g NaOH 溶于 500ml 蒸馏水中。
3. 3,5-二硝基水杨酸(DNS)试剂　称取 6.5g DNS 溶于少量蒸馏水中，移入

1000ml 容量瓶中，加入 2mol/L 氢氧化钠溶液 325ml，再加入 45g 丙三醇，摇匀，冷却后定容至 1000ml。

4. 葡萄糖标准液　称取干燥恒重的葡萄糖 200mg，加少量蒸馏水溶解后，以蒸馏水定容至 100ml，使葡萄糖终浓度为 2.0mg/ml。

5. 6mol/L HCl　取 250ml 浓 HCl (35%-38%)用蒸馏水稀释到 500ml。

6. 碘-碘化钾溶液　称取 5g 碘，10 g 碘化钾溶于 100ml 蒸馏水中。

7. 6mol/L NaOH 溶液　称取 120 g NaOH 溶于 500ml 蒸馏水中。

8. 0.1%酚酞指示剂。

【器材】

分光光度计，水浴。

【操作】

1. 样品中还原糖的提取　准确称取 1.0g 藕粉，放在 100ml 烧杯中，先以少量蒸馏水调成糊状，然后加入约 80ml 蒸馏水，混匀，于 50℃恒温水浴中保温 20min，不时搅拌，使还原糖浸出。过滤，将滤液全部收集在 100ml 的容量瓶中，用蒸馏水定容至刻度，即为还原糖提取液。

2. 样品总糖的水解及提取　准确称取 0.5g 藕粉，放在锥形瓶中，加入 6mol/L HCl 10ml，蒸馏水 15ml，在沸水浴中加热 0.5 h，取出 1～2 滴置于白瓷板上，加 1 滴 I-KI 溶液检查水解是否完全。无蓝色即是水解完全。水解以后，冷却至室温后加入 1 滴酚酞指示剂，以 6mol/L NaOH 溶液中和至溶液呈微红色，并以蒸馏水定容到 100ml，过滤取滤液 10ml 于 100ml 容量瓶中，定容至刻度，混匀，即为稀释 1000 倍的总糖水解液，用于总糖测定。

3. 葡萄糖标准曲线制作及样品测定　取大试管 8 支，按表 2-5-1 操作。

表 2-5-1　加样操作表 (单位：ml)

试剂	0	1	2	3	4	5	6	7
葡萄糖标准液(2mg/ml)	0.00	0.20	0.40	0.60	0.80	1.00	—	—
蒸馏水	1.00	0.80	0.60	0.40	0.20	0.00	—	—
还原糖提取液	—	—	—	—	—	—	1.00	—
总糖提取液	—	—	—	—	—	—	—	1.00
DNS 试剂	2.00	2.00	2.00	2.00	2.00	2.00	2.00	2.00
处理	混匀后置沸水浴 2 min，流水冷却							
蒸馏水	9.00	9.00	9.00	9.00	9.00	9.00	9.00	9.00
处理	混匀，在 540 mm 波长处测定光吸收值							
A_{540}								
葡萄糖含量(mg/ml)	0	0.4	0.8	1.2	1.6	2.0	?	?

其中 0 号管为空白对照，1～5 号管为标准管，6～7 号管分别为样品的还原糖

和总糖测定管，测定 A_{540}。以葡萄糖含量 (mg/ml)为横坐标，光吸收值为纵坐标，利用 1～5 号管数据绘制标准曲线。利用 6、7 号管的光吸收值，从标准曲线中查出还原糖或总糖提取液中的葡萄糖浓度 (mg/ml)。

4. 计算　按下式计算出样品中还原糖和总糖的百分含量：

$$还原糖(以葡萄糖计)\% = \frac{C \times V}{m \times 1000} \times 100\%$$

$$总糖(以葡萄糖计)\% = \frac{C \times V \times 0.9}{m \times 1000} \times 100\%$$

式中 C 为还原糖或总糖提取液的浓度，mg/ml；V 为还原糖或总糖提取液的总体积，ml；m 为样品质量，g；1000 为 mg 换算成 g 的系数；0.9 为将测得的糖量转换为总糖的系数。

【注意事项】

1. 藕粉中还原糖的浸提应充分。
2. 藕粉中总糖的测定时淀粉水解应完全。

【思考题】

1. 藕粉中总糖的测定时为什么要求淀粉水解应完全。
2. 为什么淀粉水解后测得的葡萄糖的含量要换算为淀粉的含量需乘以系数 0.9。

二、斐林试剂比色法

【目的】

学习用斐林试剂比色法测定还原糖和总糖。

【原理】

斐林试剂是由甲、乙二种溶液混合而成，甲液含有硫酸铜，乙液含有氢氧化钠和酒石酸钾钠。当混合后，硫酸铜与氢氧化钠反应生成天蓝色的氢氧化铜沉淀：

$$2NaOH + CuSO_4 = Cu(OH)_2\downarrow + Na_2SO_4$$

所生成的氢氧化铜沉淀与酒石酸钾钠反应，生成深蓝色可溶性的酒石酸钾钠铜，在 590nm 波长处有最大吸收：

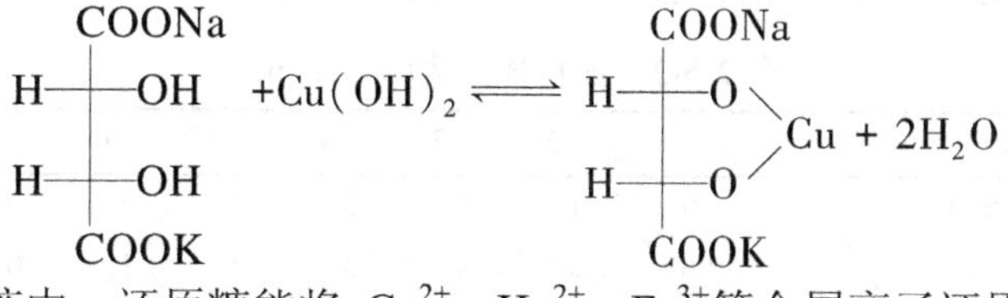

在碱性溶液中，还原糖能将 Cu^{2+}、Hg^{2+}、Fe^{3+}等金属离子还原，而糖本身被

氧化成糖酸及其他产物。所以还原糖可与以上混合物在煮沸条件下使以上的酒石酸钾钠铜中的二价铜离子还原为红色一价的氧化亚铜沉淀，而使深蓝色的斐林试剂脱色，还原糖则被氧化和降解，其反应如下：

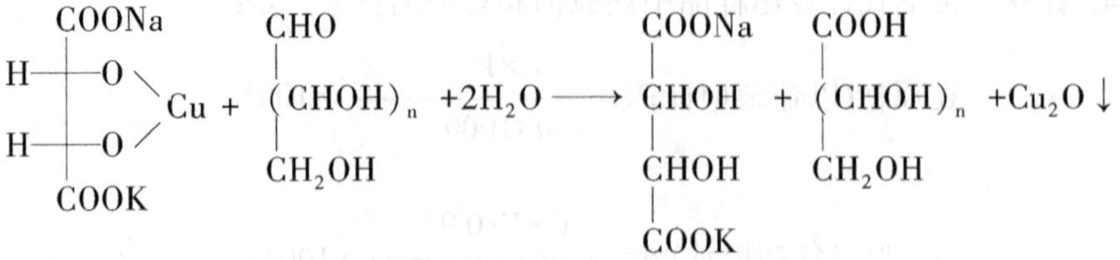

【试剂】

1. 柚子。

2. 斐林试剂

(1) 斐林试剂甲液：称取40g硫酸铜($CuSO_4 \cdot 5H_2O$)溶解于蒸馏水定容至1L。

(2) 斐林试剂乙液：200g 酒石酸钾钠($C_4H_4O_6KNa \cdot 4H_2O$)与 150g 氢氧化钠溶于蒸馏水并定容至1L。

(3) 斐林试剂：在使用前取20ml甲液，加入20ml的乙液。

3. 1mg/ml 葡萄糖标准液　称取葡萄糖0.1g，加蒸馏水溶解并定容至100ml。

4. 1mol/L NaOH 溶液　称取20g NaOH，溶解于500ml蒸馏水中。

5. 6mol/L NaOH 溶液　称取120g NaOH，溶解于500ml蒸馏水中。

6. 0.1%酚酞指示剂。

【器材】

分光光度计，离心机，水浴。

【操作】

1. 样品的制备和处理　称取待测样品2～3g，将样品研磨为匀浆，用蒸馏水将样品液全部转入100ml容量瓶中，并调整体积约为80ml。放置于80℃水浴保温20min，其间摇晃多次，冷却至室温后，用蒸馏水定容至100ml，过滤备用。

2. 总糖测定的样品处理(水解)　取以上已制备的待测液50ml于100ml容量瓶中，加6mol/L HCl 5ml。在80℃水浴加热10min，放入冷水槽中冷却后，加酚酞指示剂1滴用6mol/L及1mol/L的NaOH溶液中和至溶液呈微红色，用水定容至100ml。

3. 标准曲线制作及样品测定　取9支大试管，按表2-5-2操作。

表 2-5-2　加样操作表(单位：ml)

试剂	1	2	3	4	5	6	7	8	9
葡萄糖标准液 (1mg/ml)	0	1	2	3	4	5	6	—	—
蒸馏水	6	5	4	3	2	1	0	—	—
待测还原糖待测样品溶液	—	—	—	—	—	—	—	6	—

续表

试剂	1	2	3	4	5	6	7	8	9
待测总糖待测样品溶液	—	—	—	—	—	—	—	—	6
斐林试剂	4	4	4	4	4	4	4	4	4
处理	混匀，沸水浴加热 15min，取出，流水冷却，1500r/min 离心 5min，取上清液在 590nm 波长处进行比色测定								
A_{590}									
葡萄糖含量（mg）	0	1	2	3	4	5	6	?	?

其中 1～7 号管为标准曲线制作部分。8～9 号管分别为样品的还原糖和总糖测定管。以不加斐林试剂的蒸馏水作空白对照，测定 1～9 号管的 A_{590} 值。然后以 1 号管的 A 值减去 1～7 号管的 A 值，以各差值为纵坐标，以葡萄糖含量为横坐标，制作标准曲线，从中查出待测样品溶液中的葡萄糖含量。按下式计算出样品中的还原糖和总糖的百分含量。

$$\text{还原糖(以葡萄糖计)\%}=\frac{X\times V}{6\times \text{m}\times 1000}\times 100\%$$

$$\text{总糖(以葡萄糖计)\%}=\frac{X\times V\times 0.9}{6\times \text{m}\times 1000}\times 100\%$$

式中 X 为从标准曲线中查出的还原糖或总糖提取液的葡萄糖含量，mg；V 为还原糖或总糖提取液的总体积，ml；m 为样品质量，g；1000 为 mg 换算成 g 的系数；0.9 为将测得的糖量转换为总糖的系数。

【注意事项】

1. 柚子的研磨和还原糖的浸提应充分。
2. 柚子总糖的测定时水解反应应完全。

【思考题】

1. 柚子中总糖的测定时为什么要求淀粉水解应完全。
2. 为什么淀粉水解后测得的葡萄糖的含量要换算为淀粉的含量需乘以系数 0.9。

（高 蓝）

实验二十二 茶中总游离氨基酸含量测定

【目的】

1. 掌握茚三酮法测定茶叶中游离氨基酸含量的基本原理。

2. 掌握茚三酮法测定茶叶中游离氨基酸含量的实验方法。

【原理】

茶叶中游离氨基酸含量是用来衡量茶叶新鲜程度的重要品质指标，测定茶叶中游离氨基酸的含量对于茶叶的开发利用具有一定的指导意义。在 pH 5～7 之间，游离氨基酸的氨基可与水合茚三酮作用，产生一种蓝紫色的化合物，使溶液呈现蓝紫色，颜色深浅与游离氨基酸含量成正比，在波长为 570nm 时有特异性吸收峰，利用这个特性，可采用比色分析的方法测定茶叶中氨基酸的含量。

【试剂】

1. 水合茚三酮溶液(2%)　称重结晶的茚三酮 2.0g，装入烧杯，加入 50 ml 蒸馏水和 50mg 氯化亚锡，搅拌均匀，暗处放置过夜，过滤后加蒸馏水定容至 100ml，置于棕色瓶，4℃冰箱保存，10 天内有效。

2. 氨基酸标准溶液　精确称取 80℃烘干至恒重的茶氨酸 10mg 溶于蒸馏水，并定容至 100ml。取此液 5ml，用蒸馏水稀释到 50ml，即为 10μg/ml 氨基酸标准液。

3. 0.1%抗坏血酸　精确称量 0.05g 抗坏血酸，溶于 50ml 蒸馏水，即配即用。

【器材】

刻度吸管、沸水浴箱、研钵、721 型分光光度计、容量瓶、漏斗、大试管等。

【操作】

1. 标准曲线制备

(1) 取大试管 7 只，按表 2-5-3 操作。

表 2-5-3　加样操作表(单位：ml)

试剂	空白管	标准管					
		1	2	3	4	5	6
氨基酸标准液(10μg/ml)	0.0	0.2	0.4	0.6	0.8	1.0	1.2
无氨蒸馏水	2.0	1.8	1.6	1.4	1.2	1.0	0.8
2% 水合茚三酮溶液	3.0	3.0	3.0	3.0	3.0	3.0	3.0
抗坏血酸溶液	0.1	0.1	0.1	0.1	0.1	0.1	0.1
每管氨基酸含量(μg)	0.0	2.0	4.0	6.0	8.0	10.0	12.0
A_{570}							

(2) 摇匀各管中的溶液，95℃水浴 15min，冷却，用空白管调零，测定各样品在 570nm 处的吸光值，以氨基酸含量(μg)为横坐标，A_{570} 为纵坐标，在坐标纸上绘制标准曲线。

2. 茶叶样品制备

(1) 精确称取 0.5g (精确到 0.0001g)茶叶，粉碎后转移至 100ml 锥形瓶中，加 90ml 煮沸的蒸馏水，沸水浴锅中浸提 45min，减压过滤至 100ml 容量瓶中，残渣用热蒸馏水洗涤 2～3 次，冷却，定容。

(2) 将 1ml 滤液加入到干燥大试管中，加蒸馏水 1 ml，水合茚三酮 3 ml，0.1% 抗坏血酸 0.1 ml，加塞子密封于沸水中加热 15min，流水冷却，溶液呈现蓝紫色时转移至 50ml 容量瓶，用 60%乙醇定容，摇匀，取 2.5 ml 于 570nm 波长下比色。

(3) 由标准曲线查得 2.5 ml 样品中所含有的氨基酸量 A(μg)。

3. 数据处理

(1) 1ml 滤液含有氨基酸总量 B(μg)：B = A×20。

(2) 0.5g 茶叶含有氨基酸总量 C(μg)：C = B×100。

(3) 氨基酸含量(mg/g 干样)= C /(样品 g 数×1000)。

【注意事项】

1. 保证各管取样量尽量准确。

2. 因蛋白质中的游离氨基也会产生同样反应，在测定前必须用蛋白质沉淀剂将待测样品中的蛋白质除掉。

【思考题】

1. 茚三酮法测定氨基酸含量的影响因素有哪些？

2. 试分析和说明茶叶中总游离氨基酸不同提取方法的优劣。

(梅寒芳)

实验二十三 维生素 C 含量测定

——2,6-二氯酚靛酚滴定法

【目的】

1. 学习并掌握 2,6-二氯酚靛酚法测定维生素 C 含量的原理和方法。

2. 了解从果蔬中提取维生素 C 的方法。

【原理】

维生素 C(vitamin C)是人类最重要的一种水溶性维生素，缺乏时会出现坏血病，因此又称之为抗坏血酸。近年的研究显示，维生素 C 具有增加机体的抵抗力、增强机体对肿瘤的抵抗力、预防和治疗感冒等很多生物学活性。维生素 C 分布非常广，很多植物的绿色部分、水果(如猕猴桃、柠檬、柚子、橘子、草莓等)和蔬菜(如青椒、番茄、甘蓝、芹菜、黄瓜等)中的含量尤为丰富。不同的栽培条件、成熟度和加工与储藏的方法都会影响蔬菜和水果中维生素 C 的含量，因此测定维生素 C 的含量对了解果蔬品质及其加工工艺成效具有重要的意义。

天然的抗坏血酸具有很强的还原性，其分子中 C_2 和 C_3 位上的两个活泼的烯醇式羟基(HO—C═C—OH)极易失去两个氢原子而氧化(O═C—C═O)，生成氧化型抗坏血酸。抗坏血酸在酸性溶液中比较稳定，而在碱性溶液中易被破坏。染料 2,6-二氯酚靛酚钠盐($C_{12}H_6O_2NCl_2Na$)是一种氧化剂，它在碱性或中性水溶液呈蓝色，在酸性溶液中呈桃红色。还原型抗坏血酸能将 2,6-二氯酚靛酚还原生成无色的衍生物，自身则氧化为氧化型，其反应式如下：

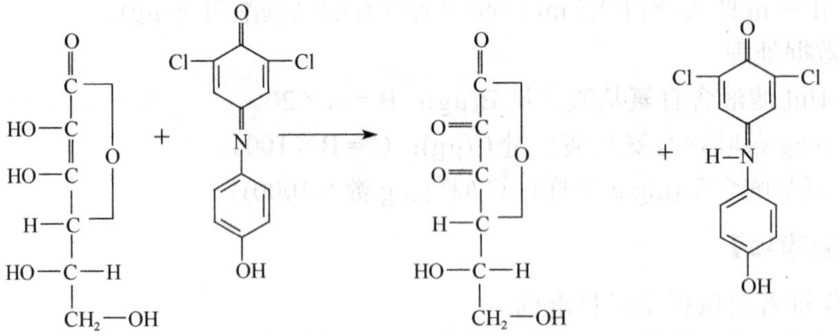

抗坏血酸（还原型）　　2,6-二氯酚靛酚（氧化型）红色　　抗坏血酸（氧化型）　　2,6-二氯酚靛酚（还原型）无色

当用 2,6-二氯酚靛酚滴定含有维生素 C 的酸性溶液时，若维生素 C 尚未全部被氧化，则滴下的染料立即使溶液变成无色；反之，若维生素 C 全部被氧化时，则滴入的 2,6-二氯酚靛酚在此酸性溶液中呈现淡红色。因此，当溶液由无色变为桃红色即为滴定终点，表示溶液中的维生素 C 刚刚全部被氧化。

【试剂】

1. 0.2 mg/ml 标准抗坏血酸溶液　精确称取抗坏血酸 50.00 mg，用 2%草酸定容至 250 ml。此溶液应避光冷藏储存，最好临用前配制。

2. 0.02% 2,6-二氯酚靛酚溶液　称取 2,6-二氯酚靛酚钠盐 125mg，溶于 200ml，含 105mg $NaHCO_3$ 的沸水中，冷却，置冰箱过夜，次日过滤于 250ml 容量瓶中，用蒸馏水稀释至刻度，混匀，置棕色瓶中，冰箱保存。临用前用配好的标准抗坏血酸溶液标定。

3. 2%草酸溶液。

4. 二氯乙烷。

【器材】

电子天平，剪刀，研钵，容量瓶，酸式滴定管、锥形瓶等。

【操作】

1. 2,6-二氯酚靛酚溶液的标定　准确吸取标准抗坏血酸溶液 5 ml 于锥形瓶中，再加入 2%草酸 5 ml 和二氯乙烷 1 ml，然后用 2,6-二氯酚靛酚染料溶液(以下简称染料)滴定至二氯乙烷层呈桃红色(15s 不褪即为终点)。记录所用染料的体积，并计算出 1ml 染料溶液相当维生素 C 的毫克数，即染料的滴定度(T)。

2. 样品中维生素 C 的提取　称取切碎的果蔬样品 2 g 于研钵中，加入 2%草酸溶液少许，用研钵研磨成匀浆，转入 50 ml 容量瓶中，用 2%草酸溶液反复洗涤研钵，合并洗液并用 2%草酸定容至 50 ml，静置后过滤备用。如果滤液有颜色，在滴定时不易辨别终点，可先用白陶土脱色，过滤或用离心机沉淀备用。

3. 样品的滴定　准确吸取滤液 10 ml 和二氯乙烷 1 ml 于锥形瓶中，用已标定过的 2,6-二氯酚靛酚钠盐溶液滴定，至二氯乙烷层呈桃红色 15s 不褪为止，记录染料的用量。为保证结果的准确性，每个样品至少滴定两次，取平均值。

4. 空白滴定　准确吸取 2%草酸溶液 10 ml 和二氯乙烷 1 ml，用染料作空白滴定至终点，记录染料的用量。

【结果】

1. 计算 2,6-二氯酚靛酚染料溶液滴定度(T)，计算公式为：

$$T=\frac{V_1}{V_2}\times C$$

式中 T 为滴定度，1 ml 染料溶液相当维生素 C 毫克数；C 为维生素 C 标准液浓度(mg/ml)；V_1 为所取维生素 C 标准液体积(ml)；V_2 为滴定时所消耗 2,6-二氯酚靛酚染料体积(ml)。

2. 计算 100 g 样品中所含的维生素 C 毫克数，计算公式为：

$$\text{维生素 C 含量}(\text{mg/100g})=(V_1-V_2)\times T\times\frac{100}{W}$$

式中 V_1 为样品滴定所消耗的染料体积(ml)；V_2 为空白滴定所消耗的染料体积(ml)；T 为 1 ml 染料溶液相当的抗坏血酸毫克数；W 为样品克数。

【注意事项】

1. 由于抗坏血酸在许多因素影响下都易发生变化，取样品时应尽量减少操作时间，并避免与铜、铁等金属接触以防止氧化。

2. 对带有颜色的样品液，可用中性的白陶土脱色，吸取澄清滤液进行测定。

3. 2%草酸具有抑制维生素 C 氧化酶的作用，而 1%草酸则无此作用，因此本实验用 2%的草酸提取。

4. 本法只能用于测定还原型维生素 C，不能测出具有同样生理功能的氧化性维生素 C 和结合型维生素 C。

【思考题】

1. 除了本实验介绍的这种方法外，你还知道哪些方法可以测定样品中的维生素 C 含量？

2. 二氯乙烷加入的作用是什么？

(李春梅)

实验二十四 血糖含量的测定

【目的】

1. 掌握血糖含量测定的几种方法的原理和操作。
2. 巩固分光光度法的运用。

一、总糖含量测定——3,5-二硝基水杨酸比色法

【原理】

总糖包括还原糖和非还原糖。还原糖是指含有自由醛基或酮基的糖类，单糖如葡萄糖、果糖都是还原糖。双糖和多糖不一定是还原糖，其中乳糖和麦芽糖是还原糖，蔗糖和淀粉是非还原糖。对没有还原性的双糖和多糖，可用酸水解法使其降解成有还原性的单糖。

黄色的3,5-二硝基水杨酸(DNS)试剂与还原糖在碱性条件下共热后，自身被还原为棕红色的3-氨基-5-硝基水杨酸。在一定范围内，反应液里棕红色的深浅与还原糖的含量成正比，在波长为540nm处测定溶液的吸光度，查对标准曲线并计算，便可求得样品中还原糖的含量。对于非还原性糖，应先用酸水解法将它们彻底水解成单糖，再借助于测定还原糖的方法，可推算出总糖的含量。由于多糖水解时，在每个单糖残基上加了一分子水，因而在计算时，须扣除加入的水量，当样品里多糖含量远大于单糖含量时，则比色测定所得总糖含量应乘以折算系数0.9，即得比较接近实际的样品中总糖含量。

【试剂】

1. 3,5-二硝基水杨酸(DNS)试剂　6.3g DNS和262ml的2mol/L氢氧化钠，加到500ml含有182g酒石酸钾钠的热水溶液中，再加上5g重蒸酚和5g亚硫酸钠，搅拌溶解，冷却后加水定容到1000ml，贮于棕色瓶中。

2. 葡萄糖标准溶液(500μg/ml)　精密称取已干燥恒重的葡萄糖1g，加少量水溶解后再加8ml的12mol/L浓盐酸(防止微生物生长)，以蒸馏水定容至2000ml。

【器材】

分光光度计。

【操作】

1. 标准曲线的制作　取6支试管，按表2-5-4加入500μg/ml标准葡萄糖(Glc)液及蒸馏水，得到从100～500μg/ml的标准管。

表 2-5-4　加样操作表(单位：ml)

试剂	空白管	1	2	3	4	5
葡萄糖标准液(500μg/ml)	0	0.20	0.40	0.60	0.80	1.00
蒸馏水	1.00	0.80	0.60	0.40	0.20	0
3,5-二硝基水杨酸试剂	1.00	1.00	1.00	1.00	1.00	1.00
处　理	混合均匀后，沸水浴加热 5min，取出，用水冷却					
蒸馏水	8.00	8.00	8.00	8.00	8.00	8.00
处　理	以空白管调零，将各管在 540nm 处测定吸光度值					
相当于葡萄糖浓度(μg/ml)	0	100	200	300	400	500

以葡萄糖含量(Glc)为横坐标，吸光度值(A)为纵坐标在坐标纸上绘出标准曲线。

2. 样品总糖的测定　取待测样品约 0.2g，精密称定，用蒸馏水 15ml 溶解，移置于大试管中，加 6mol/L 盐酸 10ml，置沸水浴上加热水解 30min，取出，流水冷却，用滤纸过滤，溶液用 6mol/L 氢氧化钠调 pH 到中性，加蒸馏水定容于 50ml 量瓶中，精密吸取此溶液 5ml，移置于 50ml 量瓶中，加蒸馏水到刻度，混匀，取此溶液 1.0ml，置于试管中，加 3,5-二硝基水杨酸试剂 1.0ml，其他同葡萄糖标准曲线做法，显色后置分光光度计上 540nm 处测定吸光度值，从葡萄糖标准曲线中查得相当于葡萄糖量的微克(μg)数。

【计算】

总糖含量 X(以重量百分数表示)按下式计算。

$$X(\%)=\frac{G_1\times500\times0.9}{G\times0.5}\times100\%$$

式中 G_1 为总糖水解后相当于葡萄糖的微克(μg)数；500 为供试品稀释倍数；0.9 为系数；G 为待测样品重。

二、血中葡萄糖含量测定——葡萄糖氧化酶法

【原理】

葡萄糖氧化酶(GOD)催化葡萄糖生成葡萄糖酸，伴随着 H_2O_2 的产生。H_2O_2 在过氧化物酶(POD)的存在下与色原性氧受体 4-氨基安替吡啉、苯酚反应生成红色醌类化合物。此化合物在 500nm 处有最大吸收峰，其吸光度值与葡萄糖含量成正比。反应式如下：

$$\text{葡萄糖}+O_2\xrightarrow{\text{GOD}}\text{葡萄糖酸}+H_2O_2$$

$$2H_2O_2+\text{4-氨基安替吡啉}+\text{苯酚}\xrightarrow{\text{POD}}\text{醌亚胺(红色)}+4H_2O$$

【试剂】

1. 0.lmol/L 磷酸缓冲液(pH7.0)　称取无水磷酸氢二钠 8.67g 和无水磷酸二氢

钾 5.3g，溶于 800ml 蒸馏水中，以 lmol/L 氢氧化钠或盐酸调节 pH 至 7.0，再以蒸馏水定容至 1L。

2. 酶试剂 取葡萄糖氧化酶 1200 单位，过氧化氢酶 1200 单位，4-氨基安替比林 10mg，叠氮钠 100mg，加上述磷酸缓冲液 80ml，调节 pH 至 7.0，再加磷酸缓冲液至 100ml，冰箱保存，至少 3 个月内稳定不变。

3. 酚试剂 酚 100mg 溶于 100ml 蒸馏水中(在空气中酚易氧化变红，可先配成 500g/L 的溶液，棕色瓶贮存，使用前稀释)。

4. 葡萄糖标准贮存液(100mmol/L) 无水葡萄糖(80℃烤箱内干燥至恒重，移至干燥器内保存)1.802g 以 12mmol/L 苯甲酸溶液溶解并定容至 100ml。

5. 葡萄糖标准应用液(5mmol/L) 取上述标准贮存液 5ml，用 12mmol/L 苯甲酸定容至 100ml。

6. 12mmol/L 苯甲酸溶液 900ml 蒸馏水中加入苯甲酸 1.4g，加热助溶，冷却后定容至 1L。

【器材】

分光光度计。

【操作】

1. 用血清或血浆直接测定：按表 2-5-5 操作：

表 2-5-5 加样操作表(单位：ml)

试剂(ml)	样品	标准	空白
血清或血浆	0.02	—	—
标准葡萄糖应用液	—	0.02	—
蒸馏水	—	—	0.02
酶-酚混合试剂	3.00	3.00	3.00

2. 混匀后，37℃水浴中保温 15min，用空白管调零，在 505nm 波长下进行测定。

注：酶试剂和酚试剂于用前等体积混匀，可在冰箱内存放 1 个月。

【计算】

$$血糖(mmol/L)=\frac{样品管吸光度}{标准管吸光度}\times 5$$

参考值：空腹血糖 3.89～6.11mmol/L

【注意事项】

1. 葡萄糖氧化酶对 β-*D*-葡萄糖高度特异，溶液中的葡萄糖约 36%为 α 型，64%为 β 型，新配制的葡萄糖标准液主要是 α 型，故须放置 2 小时以上(最好过夜)，待变旋平衡后方可使用。国外某些商品葡萄糖氧化酶试剂盒内含有葡萄糖变旋酶，可加速这一过程。

2. 从原理反应式中可知第一步是特异反应，第二步特异性较差。误差往往发生在反应的第二步。一些还原性物质如尿酸、维生素 C、胆红素和谷胱甘肽等，可与色原性物质竞争过氧化氢，从而消耗反应过程中所产生的过氧化氢，产生竞争性抑制，使测定结果偏低。故该法可直接测定脑脊液葡萄糖含量，但不能直接测定尿液葡萄糖含量。因为尿液中尿酸等干扰物质浓度过高，可干扰过氧化物酶反应，造成结果假性偏低。

3. 测定标本以草酸钾一氟化钠为抗凝剂较好，既抗凝又抑制了糖的分解。

4. 方法学评价：GOD 法线性范围至少可达 19mmol/L；回收率 94%～105%；变异系数批内为 0.7%～2.0%，批间为 2%左右，日间为 2%～3%，准确度与精确度都能达到临床要求，操作方便，适合于常规检验。

【思考题】

1. 讨论血糖升高和降低的临床意义及其维持恒定的因素。
2. 血糖含量的测定有哪些方法？请加以评述。

(何震宇)

第六章　分子生物学实验

实验二十五　聚合酶链式反应及产物鉴定(PCR)

【目的】

1. 掌握 PCR 的原理和方法。

2. 熟悉基因体外扩增技术应用。

3. 掌握 PCR 产物回收、鉴定的原理和方法。

【原理】

聚合酶链式反应(polymerase chain reaction，PCR)是一种在体外大量扩增特异 DNA 片段的分子生物学技术。其原理是以合成的两条已知序列的寡核苷酸为引物，在 DNA 聚合酶作用下，利用 dNTP 为原料，将位于两引物之间的特定 DNA 片段进行复制。这样经过变性、退火、延伸三步为一个循环，每一个循环的产物作为下一个循环的模板，如此循环 30 次，介于两个引物之间的新生 DNA 片段理论上达到 2^{30} 拷贝，约为 10^{9} 个分子。

PCR 条件的优化：

1. 模板　DNA 或 RNA，需部分纯化，一般为 0.1μg，模板量过多，会影响扩增特异性。

2. 引物　一般为 15～30nt，最好 20～24nt，G+C 含量为 40%～60%，碱基随机分布，不应有嘌呤或嘧啶的堆积，引物自身不应有互补序列，还应避免产物的二级结构。引物过短，特异性降低，引物过长也会降低特异性；引物延伸从 3′端开始，3′端不应有任何修饰；5′端用于限定 PCR 产物长度，可进行标记。引物需用聚丙酰胺凝胶电泳或 HPLC 纯化；引物在反应中使用浓度为 0.2～1μmol/L。更高浓度可导致非靶序列扩增，且可自身形成二聚体；浓度低，扩增效率低。

3. dNTP 浓度　dNTP 最适浓度可根据特定靶序列长度和碱基组成来决定。反应中每种 dNTP 的终浓度为 20～200μmol/L，在此范围内，PCR 产物量、特异性与合成忠实性最佳。当 dNTP 的终浓度大于 50mmol/L 时，会抑制 *Taq* DNA 聚合酶活性，dNTP 使用必须以等当量浓度配制，以减少错配误差和提高使用效率。其储备液 5～10mmol/L，－20℃保存。

4. 耐热 *Taq* DNA 聚合酶　酶量太高，会出现非特异扩增；太低则产量不足，一般为 0.5～2.5U，可设对照试验，找出最佳浓度。

5. 缓冲体系　缓冲液一般为 10mmol/L Tris-HCl，pH8.3。在反应混合液中，

50mmol/L 以内的 K^+有利于引物退火。Mg^{2+}最佳浓度为 1.5mmol/L。

6. 循环参数 变性温度是 PCR 成功的关键，太高影响酶活性；太低则解链不完全，一般为 94℃或 95℃。退火温度决定 PCR 的特异性，退火时间取决于引物的碱基组成、长度与浓度。延伸温度一般为 72℃，此时 *Taq* 酶具有最高活性，延伸时间取决于靶序列的长度与浓度，时间过长会导致非特异扩增。循环数通常为 25～35 个，取决于靶序列的初始浓度。

【试剂】

PCR 试剂盒(教学用)、琼脂糖 、TAE 缓冲液、溴化乙锭 、溴酚蓝、二甲苯青、甘油、蔗糖。

【器材】

PCR 扩增仪、水平电泳槽、电泳仪、微型离心机、移液器吸嘴 (10 μl，100 μl)、移液器(0.5～10μl，2～20 μl，10～100μl)、PCR 反应管(0.2ml，0.5ml)、Eppendorf 离心管(0.5ml，1.5ml)。

【操作】

(一) PCR

1. PCR 反应体系的配制

模板 DNA	4 μl
上游引物	2 μl
下游引物	2 μl
缓冲液	5 μl
dNTP	4 μl
Taq DNA 聚合酶	1 μl
去离子水	32 μl
合计	50 μl

2. 设定 PCR 循环参数，然后利用 PCR 扩增仪进行扩增。

PCR 循环参数如下：

(1) 94℃	2 min	预变性阶段
(2) 94℃	30 s	变性阶段
(3) 55℃	30 s	退火阶段
(4) 72℃	30 s	延伸阶段
(5) 72℃	10 min	延伸、补齐阶段
(6) 4℃	120min	保存阶段

(2)、(3)和(4)步是循环阶段，循环 30 次。

(二) 鉴定

1. 电泳缓冲液的配制　实验使用 1×TAE 缓冲液(由 Tris、乙酸和 EDTA 三种试剂配制成的 50 倍浓缩液，取 10 ml 蒸馏水稀释到 500 ml 即可)。

2. 琼脂糖凝胶制备　根据 PCR 产物的长度确定琼脂糖凝胶的浓度，经过计算后进行配制。本实验 PCR 产物的长度为 500bp，用电泳缓冲液配制 1.0%琼脂糖凝胶。

取水平电泳槽的凝胶托盘一个，两端用胶布封好，水平放置，放上加样梳，将融化后的琼脂糖凝胶 50ml，加入 3～5μl 溴化乙锭混匀，缓慢倾入电泳槽中。待凝胶凝固后，小心取出加样梳，去掉胶布。放入加好电泳缓冲液的电泳槽中。

3. 加样　取 PCR 扩增产物 10μl 与 2μl 上样缓冲液混合，取 10μl 混合液加入凝胶上样孔中。80V 电压下电泳 1h。

4. 在紫外灯下观察结果。

【思考题】

1. 请举例说明 PCR 技术可应用于哪些方面？
2. 降低退火温度对 PCR 反应有何影响？

(李　荷)

实验二十六　RT-PCR

【目的】

1. 掌握 RT-PCR 的原理。
2. 熟悉 RT-PCR 的操作方法。

【原理】

RT-PCR (reverse transcription polymerase chain reaction) 即逆转录聚合酶链式反应，是将 RNA 的逆转录(RT)和 cDNA 的聚合酶链式扩增反应(PCR)相结合的技术。RT-PCR 技术灵敏而且用途广泛，可用于检测组织细胞中基因表达水平、细胞中 RNA 病毒的含量和直接克隆特定基因的 cDNA 序列等。

RT- PCR 过程是：首先经逆转录酶的作用以 RNA 合成 cDNA，再以 cDNA 为模板，扩增合成目的片段。作为模板的 RNA 可以是总 RNA、mRNA 或体外转录的 RNA 产物。

【试剂】

1. RNA 模板(多聚 A mRNA 或总 RNA)。
2. 合成 cDNA 的引物——random primers(25mg/L)。
3. 10×逆转录 buffer(500mmol/L,pH8.3 Tris-HCl，400mmol/LKCl，50 mmol/L

$MgCl_2$，10mmol/LDTT，1g/LBSA)。

4. 10 mmol/L 四种 dNTP。

5. AMV 逆转录酶。

6. RNA 酶抑制剂。

7. 10×PCR buffer(100mmol/L,pH8.4 Tris-HCl，400mmol/L KCl，20mmol/L $MgCl_2$，10mmol/L DTT，1g/L BSA)。

8. *Taq*DNA 聚合酶。

9. cDNA 扩增引物(150mg/L)。

10. 矿物油。

11. 0.1%DEPC 水　取 2 ml 焦碳酸二乙酯(DEPC)加水至 2000 ml，摇匀，过夜，灭菌。

12. 氯仿/异丙醇(体积比为 49∶1)。

13. 硫氰酸胍溶液 取 23.639g 硫氰酸胍，加入 1.25 ml，1mol/L，pH7.0 柠檬酸钠溶液、1.25ml 20%十二烷基肌氨酸钠溶液，加 0.1%DEPC 水至 50 ml，55℃加热，再加入 350μl β-巯基乙醇。

【器材】

PCR 仪、电泳仪、电泳槽、紫外成像仪、微量取样器、枪头、EP 管等。

【操作】

1. RNA 的提取

(1) 从动物组织(如肝、胰腺等)提取总 RNA 时，取 1g 新鲜组织放入液氮中速冻，每克组织加 5ml 硫氰酸胍溶液。若从细胞中提取总 RNA，则可用 3 瓶(T75 号瓶)细胞，共 15ml，细胞经胰酶处理，离心，悬浮于 15ml 硫氰酸胍溶液中。

(2) 用高速组织捣碎机破碎细胞(几秒钟)，加入 0.5 ml 2mol/L，pH4.0 乙酸钠溶液，混匀。

(3) 加入酚溶液 5 ml，混匀，再加入氯仿/异丙醇(体积比为 49∶1)1 ml，振荡 10s 混匀。

(4) 置于冰浴 5min，再于 4℃，12 000 转/分，离心 20min，小心取出水层，转入新的 EP 管中，并加入等体积异丙醇，轻轻颠倒混匀，置于–20℃1h。

(5) 4℃，12 000 转/分，离心 10min，将白色沉淀(RNA)溶于 0.7 ml 硫氰酸胍溶液中，再加等体积的异丙醇，–20℃过夜。

(6) 取出该管，4℃，8000 转/分离心 10min，弃上清，后用 75%乙醇洗 1 次，再悬浮于 0.1%DEPC 水中。

2. RNA 的电泳鉴定

(1) 琼脂糖凝胶制备(50ml) 取 0.5g 琼脂糖，加 30ml0.1%DEPC 水，熔化，再加 5ml 10×甲醛变性缓冲液，冷却至 50℃，加 8.9ml 甲醛溶液，再加 6.1 ml0.1%

DEPC 水，混匀后倒胶于电泳板上。

(2) 上样电泳 取 2μl 样品，加入 7μl 上样缓冲液，于 65℃5min，后加入 2μl 染料于 80V 电泳 1h，凝胶用 0.5g/L 溴化乙锭染色 1h，在水中脱色过夜，紫外成像仪观察。

3. cDNA 的合成

反应体积为 20μl，体系如下：

总 RNA 或 mRNA	5μl(2.5～3.0μg)
10×逆转录 buffer	2μl
dNTP	2μl(10mmol/L)
RNase	1μl(20U)
Random primes	1μl(10～50pmol)
AMV 逆转录酶	1μl(20U)
DEPC 水	8μl

各试剂混匀，42℃静置 1h，95℃10min 以灭活逆转录酶。

4. cDNA 扩增反应体系的配制

反应体系为 50μl，体系如下：

逆转录产物	20μl
10×PCR buffer	5μl
10mmol/L dNTPs	1μl
Sense prime	1μl(1μmol/L)
Antisense prime	1μl(1μmol/L)
*Taq*DNA 聚合酶	1μl
DEPC 水	21μl

各试剂混匀，进行 cDNA 的 PCR 扩增。

5. cDNA 的扩增 94℃预变性 3min；94℃ 变性 3min，50～60℃退火 1min，72℃延伸 1min，共进行 30 个循环；72℃终末延伸 7min，反应结束后将反应管置于−20℃保存。

6. PCR 产物的电泳鉴定 根据产物长度制作适宜浓度的琼脂糖凝胶(见实验二十七表 2-6-1)，取 5～10μl PCR 产物，加上样缓冲液充分混合，点样于事先做好的含有溴化乙锭(EB)的琼脂糖凝胶点样孔中，10V/cm 电泳 45～60min，置紫外成像仪观察实验结果。

【注意事项】

1. EP 管等需经过 0.1%DEPC 水浸泡处理，除去 RNA 酶，防止操作过程中 RNA 降解。(DEPC 被认为有致癌性，故操作要戴手套。)

2. 要确保 RNA 中无 RNA 酶和基因组 DNA 的污染。因此在提取 RNA 时，要尽量去除外源性 RNA 酶污染和抑制内源性 RNA 酶活性，主要是采用焦碳酸二乙酯(DEPC)去除外源性 RNA 酶，通过 RNA 酶的阻抑蛋白 Rnasin 和强力的蛋白质变性剂如异硫氰酸胍抑制内源性 RNA 酶。

【思考题】

1. 试述 RT-PCR 的原理。
2. 影响 RT-PCR 成功的因素有哪些？

(崔炳权)

实验二十七　DNA 的回收(琼脂糖凝胶法)

分子生物学实验中经常需要进行 DNA 片段的回收。从酶切或其他处理后的 DNA 混合物中分离与纯化特定分子量的 DNA 片段可用多种方法，常用的是凝胶电泳分离和回收的方法，主要包括低熔点琼脂糖凝胶电泳、磁珠洗脱法和离心柱型 DNA 琼脂糖凝胶纯化回收试剂盒方法等。本实验采用低熔点琼脂糖凝胶电泳和离心柱型 DNA 琼脂糖凝胶纯化回收试剂盒两个方法来回收 DNA。

(一) 低熔点琼脂糖凝胶回收法

【目的】

掌握以低熔点琼脂糖凝胶电泳进行 DNA 片段回收的方法。

【原理】

采用低熔点琼脂糖凝胶电泳分离酶切的 DNA 片段后，切下含有目的 DNA 片段的凝胶条带，在 65℃融化低熔点琼脂糖凝胶，再用饱和酚抽提和乙醇沉淀分离纯化所需的 DNA 片段。最后用琼脂糖凝胶电泳法检测回收的 DNA 片段，了解回收的效果。

【试剂】

1. λ-*Hin*d Ⅲ digest DNA 分子量 marker　是由 Bacteriophage λcI857 Sam7 DNA 用 *Hin*d Ⅲ 酶切反应后配制而成的 DNA marker。其浓度为 0.2～0.8 μg/μl，DNA 片段所在溶液成分为 10 mmol/L Tris-HCl (pH8.0)和 1 mmol/L EDTA，含有 125、564、2027、2322、4361、6557、9416、23130 共 8 条带。其在与甘油溴酚蓝加样缓冲液混合之前先在 60℃加热 5min 可排除片段之间由 COS 末端结合造成的影响，使分离效果更好。

2. 熔解温度<65℃的低熔点琼脂糖。

3. 甘油溴酚蓝电泳加样缓冲液　在 10ml 30%甘油水溶液中加入 25mg 溴酚蓝(其终浓度为 0.25%)。

4. TAE 电泳缓冲液 40mmol/L Tris-HCl(pH8.0)500ml

(1) 500ml 10mol/L NaOH 溶液：称取 NaOH 200g，加入 360ml 蒸馏水，溶解后定容至 500ml。

(2) 1L 0.5mol/L EDTA(pH8.0)溶液 称取 186 克 EDTA-Na·$2H_2O$(二水乙二胺四乙酸二钠)，加入 700ml 蒸馏水及 100ml 10mol/L NaOH 溶液，剧烈搅拌溶解，再用 10mol/L NaOH 调节溶液 pH 至 8.0，然后定容至 1L。

(3) 50 倍 TAE 电泳缓冲液：称取 242.2g Tris 碱，溶解于 800ml 蒸馏水中，加入 100ml 0.5mol/L EDTA(pH8.0)，加入 57.1ml 冰乙酸，以水定容至 1 L。

(4) 吸取 50 倍 TAE 电泳缓冲液 10ml 加蒸馏水至 500ml。其中含有 40mmol/L Tris-HCl(pH8.0)，1mmol/L EDTA。

5. DNA 染色剂 10mg/ml 溴化乙锭(EB)溶液。

在 10ml 蒸馏水中加入 100mg 溴化乙锭，置棕色瓶保存。注意是强诱变剂，使用时要戴手套。

6. 3mol/L NaAc 溶液(pH5.2) 在 80ml 蒸馏水中溶解 40.81g 三水乙酸钠，用稀乙酸调节 pH 至 5.2，加水定容到 100ml。

7. TE 缓冲液 10mmol/L(pH8.0)50ml

(1) 1L 1mol/L Tris-HCl(pH8.0)溶液：在 800ml 水中溶解 121.1g Tris 碱，溶解后加入 42.0ml 的浓 HCl，加蒸馏水定容到 1L。

(2) 取 1mol/L Tris•HCl(pH8.0)溶液 5ml，0.5mol/L EDTA(pH8.0)溶液 1 ml，用蒸馏水定容至 500ml，4 ℃保存。其中含有 10mmol/L Tris-HCl(pH8.0)，1mmol/L EDTA(pH8.0)。

8. 氯仿：异戊醇(24∶1)。

9. 无水乙醇，70%乙醇溶液。

【器材】

电泳仪，水平电泳槽，离心机，紫外分析仪，微波炉，离心管，微量移液器。

【操作】

1. 准备与制胶

(1) 准备水平电泳槽和电泳仪。准备凝胶板。

(2) 制备琼脂糖凝胶：按照待分离 DNA 分子的大小，确定凝胶中琼脂糖的浓度(见表 2-6-1)。本实验制备 2%的凝胶，用于分离 DNA 样品中的 564bp 或 2027bp 片段。

表 2-6-1 不同浓度琼脂糖凝胶分离 DNA 分子的范围

琼脂糖的含量(%)	分离线状 DNA 分子的有限范围(kb)
0.5	1～30
0.7	0.8～12
1.0	0.5～10
1.2	0.4～7
1.5	0.2～3
2.0	0.5～2
2.5	0.2～1

称取 0.4g 低熔点琼脂糖于三角瓶中，加入电泳缓冲液 20ml，在微波炉中小心加热至凝胶熔化后取出，加入 1μl EB 混匀至终浓度为 0.5μg/ml，室温冷却凝胶溶液至 50℃左右。

将以上琼脂糖凝胶缓慢倒在凝胶板上，在适当位置插入梳子，凝胶厚度约 0.5cm，除去胶中气泡。待凝胶凝固后，小心拔出梳子，去掉挡板，将凝胶板放入电泳槽内，将点样孔放置于负极侧，在电泳槽中倒入电泳缓冲液，使缓冲液液面高于凝胶表面约 0.5cm。

2. 样品的准备 吸取适量 DNA 样品(使单条泳带的含量不少于 10μg)，加入 1/5 体积的甘油溴酚蓝电泳加样缓冲液，混匀。

3. 电泳

(1) 上样。用微量移液器小心地把样品液加入点样孔内。

(2) 开启电泳仪电源开关，60～100V 恒定电压下电泳约 40min，使 DNA 向正极方向移动。

4. 切取含有目的 DNA 片段的凝胶 电泳结束后，将凝胶板取出，置于紫外分析仪下观察确定所需 DNA 片段的位置，在长波紫外光下快速用刀片切取含有目的 DNA 片段的单条凝胶条带，放入离心管中。注意 DNA 在紫外灯下的曝光时间不要超过 30s，同时在紫外灯下操作的时候一定要戴保护眼镜和手套。

5. 目的 DNA 片段的提取、纯化与检测

(1) 在含有凝胶块的离心管中加入 2 倍体积的 TE 缓冲液，于 65℃保温 5～10 min，使凝胶融化。

(2) 在含有融化凝胶的离心管中加入等体积预热至 37 ℃的饱和酚，充分混匀，8000 转/分离心 10min，小心吸取上层水相至另一离心管中，不要将界面的白色粉末状琼脂糖吸出。

(3) 加入等体积氯仿：异戊醇(24∶1)抽提一次，8000 转/分离心 10min，吸取上层水相至另一离心管。

(4) 加入 1/10 体积的 3mol/L NaAc(pH5.2)和 2 倍体积的无水乙醇沉淀 DNA，室温或冰箱(5～18℃)放置 30min。

(5) 取出样品，14 000 转/分离心 10min，弃乙醇，用 70%乙醇溶液洗沉淀 1～2 次，室温干燥蒸发乙醇。

(6) 加入 10μl TE 缓冲液溶解 DNA 沉淀。

(7) 吸取全部 DNA 溶液，按以上操作步骤 1～3 进行电泳，并在紧邻泳道加入 λ-*Hin*d Ⅲ digest DNA marker 样品同时进行电泳(其加载量为总 DNA 含量 200～500ng 即可，用于比对回收 DNA)，在紫外分析仪下观察回收的 DNA 条带。

【注意事项】

1. 染色剂 EB 对人体有害，是致癌剂。操作时要戴手套，小心不要碰到皮肤。

2. 凝胶制备时需仔细，避免样品孔的开裂。

3. 切胶时尽可能使凝胶块的体积最小，有利于之后DNA的提取。

【思考题】

1. 怎样针对特定的待分离目的DNA片段选择琼脂糖凝胶的浓度？

2. 制备琼脂糖凝胶时要注意哪些事项？

3. DNA染色剂EB为什么对人体有害？

(二) 离心柱型DNA琼脂糖凝胶纯化回收试剂盒回收DNA

【目的】

掌握离心柱型DNA凝胶纯化回收试剂盒的使用方法。

【原理】

核酸在特定溶液环境(结合缓冲液，高盐低pH)中可与DNA纯化柱的硅胶膜结合。以离心力或负压让含有核酸的溶液通过硅胶膜，使核酸吸附在硅胶膜上，经洗涤去除杂质后，通过改变溶液环境(洗脱液，低盐高pH)使DNA溶解到纯水或TE溶液中进行洗脱。本实验中是采用琼脂糖凝胶电泳分离酶切DNA片段后，切下含有目的DNA片段的凝胶条带，以本试剂盒中的结合缓冲液在60℃融化琼脂糖凝胶，使DNA吸附于DNA纯化柱的硅胶膜上，经洗涤去除杂质后，将DNA以TE或重蒸水洗脱和溶解。此法特点是操作简单，省时。最后以紫外吸收法检测回收的DNA的含量(或以琼脂糖凝胶电泳方法检测回收的效果)。

【试剂】

1，3～7 同实验二十七(一)。

2. 普通琼脂糖，熔点≤90℃。

8. 采用Omega公司的E.Z.N.A DNA胶回收试剂盒。其中含有Binding buffer(结合缓冲液，兼有熔胶能力)；SPW wash buffer (洗涤液，在第一次洗脱前按要求加入无水乙醇)。在DNA胶回收试剂盒中含有HiBind TM DNA纯化柱。

【器材】

同实验二十七(一)。

【操作】

1～4. 同实验二十七(一)。

5. 目的DNA片段的提取、纯化与检测

(1) 切胶回收后，将胶放入离心管中切碎、称重。加入等体积的结合缓冲液(如胶为100mg，则加100μl结合缓冲液)，颠倒混匀。在55～65℃水浴加热约7～10min至胶全熔，期间每隔2～3min混匀一次。

(2) 取 700μl 以上的溶液加入到 DNA 纯化柱内，室温放置 1 min。并把柱子放在一个干净的 2ml 收集管内，室温下 10 000*g* 离心 1min，弃收集管中的离心液。如果 DNA-琼脂糖混合物的体积大于 700μl，可先转移 700μl，离心后再把余下的混合液继续加到柱子上，一个 DNA 纯化柱最多可以结合 25～30μg DNA。

(3) 将柱子重新套回收集管中，加 300μl 结合缓冲液到 DNA 纯化柱中，室温下 10 000*g* 离心 1min，弃去滤出液。

(4) 将柱子重新套回收集管中，在柱内加入 700μl 洗涤液，室温下 10 000*g* 离心 1min，洗去杂质。弃收集管内的液体。重复加入 700μl 洗涤液，离心 1min，弃收集管内的液体。将空柱子重新套回收集管中，10 000*g* 离心 1min 以甩干柱中残余的液体。室温下，让残留的乙醇充分挥发。

(5) 将 DNA 纯化柱置于 1.5ml 离心管上，加入 10～20μl 洗脱液或重蒸水(pH>6.5)到柱内平面中间位置，放置 1～3min。10 000*g* 离心 1min，离心管中即为 DNA 纯化溶液。

(6) 检测回收效果时可吸取回收的 10μlDNA 溶液，加入 40μl 洗脱液(或蒸馏水)，放入微量石英比色杯(体积 50μl)。先用洗脱液或蒸馏水校正紫外分光光度计 260nm 波长处的零点。在紫外分光光度计中读出样品在 260nm 的 A 值。含量计算：

$$\text{DNA 样品的浓度}(\mu g/ml)=A_{260}\times 50\times 5/L$$

其中，50 为 A 值是 1 时的 DNA 溶液在 1 cm 光程比色杯中的浓度(μg/ml)，5 为稀释倍数，L 为光程(cm)。

(7) 检测回收效果时也可吸取全部 DNA 溶液，按以上操作步骤 1～3 进行电泳，在紧邻泳道加入 λ-*Hin*d Ⅲ digest DNA marker 样品同时进行电泳(其加量为总 DNA 含量 200～500ng 即可，用于比对回收 DNA)，在紫外分析仪下观察回收的 DNA 条带。

【注意事项】

1. 染色剂 EB 对人体都有害，是致癌剂。操作时要戴手套，小心操作。不要碰到皮肤。
2. SPW wash buffer 洗涤液在第一次洗脱前需按要求加入无水乙醇。

【思考题】

1. 怎样针对特定的待分离目的 DNA 片段选择琼脂糖凝胶的浓度？
2. 为什么切胶时要尽可能使凝胶块的体积最小？
3. 离心柱 DNA 回收法与低熔点琼脂糖回收法相比有哪些优点？

(高　蓝)

实验二十八 大肠杆菌感受态细胞的制备——氯化钙法

【目的】

1. 掌握 $CaCl_2$ 法制备感受态细胞的原理和实验方法，为重组体的转化做准备。

2. 了解感受态细胞制备过程中各因素对转化率的影响。

【原理】

通常情况下，细菌细胞很难接受外源 DNA 分子，但是当用物理或化学方法处理后，细菌细胞对外源 DNA 分子的进入变得敏感，这种经过处理而容易接纳外源 DNA 分子的细胞被称为感受态细胞。常用的使细菌成为感受态细胞的方法有化学法和电穿孔法。化学法中最经典的是 $CaCl_2$ 法：当细菌处于 0℃、低渗的 $CaCl_2$ 溶液中时，细菌细胞壁和膜的通透性增强，菌体膨胀成球形。外源 DNA 与 Ca^{2+}结合形成抗 DNase 的羟基-钙磷酸复合物黏附于细胞表面，短暂的热冲击处理(42℃热休克)能促进细菌细胞吸收外源 DNA 复合物。尔后，在营养丰富的培养基中生长 1h 左右，细菌细胞形态恢复正常。获得了外源 DNA 的细菌称为转化子，转化子中的抗性基因得以表达，随后将菌液涂布于含某种抗生素的选择性培养基上，转化子可分裂、增殖，形成菌落。

【试剂】

1. LB 培养基　胰蛋白胨 10g，酵母提取液 5g，NaCl 10g，加入去离子蒸馏水 800ml，搅拌使其完全溶解，用 5mol/L NaOH 溶液调节 pH 至 7.2，加水至 1000ml。$151bf/in^2(1.034\times10^5$ Pa)高压灭菌 20min。固体培养基加 1.5%琼脂粉。

2. 5mol/L NaOH 溶液　称取 20g NaOH，溶于 100ml 去离子蒸馏水中。

3. 0.1mol/L $CaCl_2$ 溶液　称取无水 $CaCl_2$(分析纯)2.77 g，加入 200 ml 去离子水充分溶解，定容至 250 ml，0.22μm 滤膜过滤除菌，4℃保存。

4. 10%甘油　高压灭菌后贮存于 4℃。

5. 大肠杆菌 DH5α。

【器材】

恒温培养箱、恒温摇床、分光光度计、低温高速离心机、冰箱、制冰机、超净工作台、天平、高压灭菌锅、培养皿、微量移液器、1.5ml 离心管、0.22μm 滤膜、0.45μm 滤膜、量筒、冰盒、无菌注射器。

【操作】

1. 受体菌的培养　将甘油冻存的受体菌在 LB 平板上划线，37℃培养 16～20h，挑取单菌落接种于 5ml 的 LB 液体培养基中 37℃振荡培养过夜。次日，将活化后的菌液转入 50ml LB 液体培养基中，37℃，200 转/分振荡培养 2.5～3 h，使细胞浓度达到 5×10^6 个/ml，到达对数生长期。

2. 感受态细胞的制备 将上述培养液于冰上放置 10 min，然后转移到无菌离心管中，4000 转/分，4℃离心 10 min。弃上清，将离心管倒置于吸水纸上，吸净残留的液体。加入 10 ml 预冷的 0.1mol/L $CaCl_2$ 溶液，使沉淀轻轻悬浮，冰浴 30min，4000 转/分，4℃离心 10 min，回收细胞，弃上清。每 50ml 原培养物所收获的细胞加入 2ml 预冷的 0.1mol/L $CaCl_2$ 溶液，轻轻悬浮细胞，即为感受态细胞。

3. 感受态细胞的保存 将上述新制得的感受态细胞悬浮液中加入灭菌的甘油，使其终浓度为 15%，按每份 100μl 分装于 1.5ml 灭菌的离心管中，颠倒混匀，置于 4℃存放 12～24 h，用于转化，或–80℃保存备用。

【注意事项】

1. 由于残留的酸、离子等会影响感受态细胞的转化效率，准备制备感受态的大肠杆菌在培养时使用的玻璃器皿应该泡酸处理，用水冲净酸液后，再用蒸馏水冲洗。

2. 制备感受态的细胞应处于对数生长期。转化时菌体浓度应控制在不超过 10^7/ml，过浓说明菌体生长已经过了对数生长期；过稀则菌体数太少。

3. 感受态细胞应于–70℃下冻存，但储存时间过长将导致转化率下降。一般而言，环化 DNA 分子比线性分子的转化率高，环化重组分子越小转化率越高。

【思考题】

1. 什么是感受态细胞？$CaCl_2$ 法制备感受态细胞的原理是什么？
2. 为何要用对数生长期的细胞制备感受态细胞？

(游 娟)

实验二十九 酵母双杂交实验

【目的】

1. 掌握酵母双杂交实验的基本原理及基本操作过程。
2. 了解酵母双杂交实验的应用及注意事项。

【原理】

酵母双杂交(yeast two hybrid)实验是以酵母的遗传分析为基础，在酵母体内研究蛋白质-蛋白质相互作用的系统。该方法不仅可检测已知蛋白质之间的相互作用，还可发现新的与已知蛋白相互作用的未知蛋白。

酵母双杂交实验由 Fields 和 Song 在 1989 年提出，该技术的产生基于对真核生物转录起始调控的认识。真核基因转录需要转录激活因子的参与。典型的转录激活因子是组件式的，通常具有两个独立分开的结构域，即 DNA 结合结构域(DNA binding domain，BD)和转录激活结构域(transcriptional activation domain，AD)，前者可识别 DNA 上的特异序列，后者可同转录复合体的其他成分作用，启动它所调节的基因转录。这两个结构域即使分开时仍各具功能，互不影响。但一个完整的某个特定基因的转录激活因子必须同时含有这两个结构域，缺一不可，否则无法完成转录激活功能。酵母双杂交实验采用两种系统：LexA 系统和 GAL4 系统。在 LexA 系统中，BD 由一个完整的原核蛋白 LexA 构成，AD 则由一个含有 88 个氨基酸残基的大肠杆菌酸性多肽 B42 构成，它在酵母中可以活化基因的转录。在 GAL4 系统中，BD 和 AD 分别由 GAL4 蛋白上两个不同的结构域(1～147 氨基酸残基与 768～881 氨基酸残基)构成。在利用 GAL4 系统筛选 cDNA 文库或研究蛋白间的相互作用时，BD 与“诱饵”蛋白(bait)融合，AD 与文库蛋白或要验证的相互作用蛋白相融合。一般情况下，单独的 BD 可与 GAL4 上游活化序列(upstream activate sequence，UAS)结合但不能引起转录，单独的 AD 则不能与 GAL4 UAS 结合，只有当“诱饵”蛋白与文库蛋白或要验证的相互作用蛋白之间有相互作用时，才能使 BD 与 AD 在空间上相互靠近组成一个完整的转录因子，从而使 BD 和 AD 与 GAL4 UAS 结合并引起下游报告基因的转录。常用的报告基因包括 *LacZ*，*HIS*3，*ADE*2，*MEL*1 等，借助这些报告基因(即通过营养缺陷筛选或酵母菌表型的改变)便可筛选或验证两个蛋白之间是否存在相互作用。GAL4 双杂交系统的原理如图 2-6-1 所示。

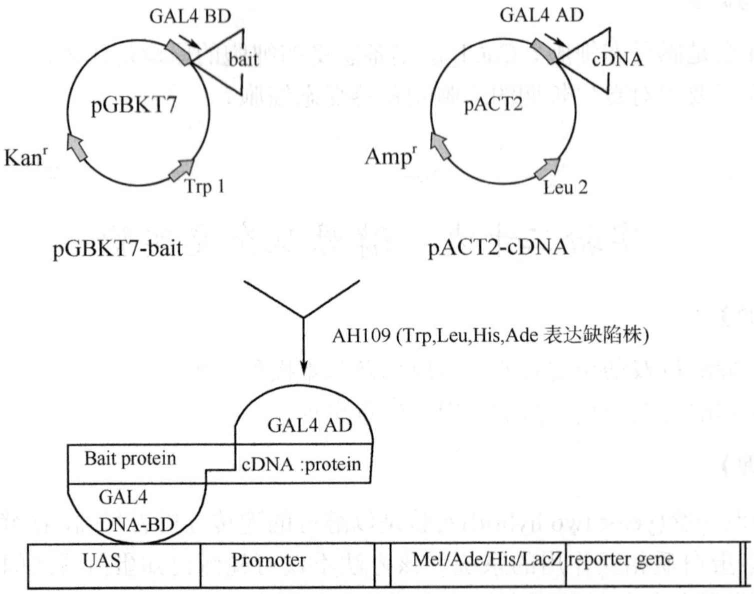

图 2-6-1 GAL4 酵母双杂交实验的基本原理

酵母双杂交系统在诸多领域有着广泛的应用，如发现新的蛋白质和蛋白质的新功能、在细胞内研究抗原和抗体的相互作用、筛选药物作用位点及药物对蛋白相互作用的影响等。它具有如下优势：①在酵母细胞中表达的融合蛋白可能保持天然的折叠状态，类似其在体内生理状态下的情况，因此与以往细胞外研究蛋白质-蛋白质之间相互作用的实验手段相比，它所证实的蛋白质间的相互作用将更接近于在体的真实情况；②双杂交系统具有很高的敏感度，可检测到在蛋白质之间结合常数低至 1mmol/L 左右的微弱作用。许多微弱或短暂的蛋白质之间的相互作用可以借助报告基因表达过程中的多级放大效应反映出来；融合蛋白基因在强启动子的作用下，处于较高的表达水平；信号测定在自然平衡条件下进行(而如免疫共沉淀方法需要多次洗涤，则会降低信号强度)。③在筛选 cDNA 文库时，双杂交系统能够简捷地得到编码相互作用蛋白的基因序列，它只需构建质粒而不必准备抗体或纯化蛋白，省略了其他体外检测蛋白之间相互作用方法所必须的蛋白抽提、纯化等繁琐步骤。④双杂交系统可采用不同组织、器官、细胞类型和分化时期的材料构建 cDNA 文库，能分析细胞浆、细胞核及膜结合蛋白等多种不同亚细胞部位及功能的蛋白。然而，本系统也有不足之处：①双杂交系统分析的蛋白质相互作用定位于细胞核内，而许多蛋白间相互作用依赖于核外修饰或翻译后修饰如磷酸化、糖基化、二硫键形成等。另外，有些蛋白质的正确折叠和功能有赖于其他非酵母蛋白的辅助，这限制了某些细胞外蛋白和细胞膜受体蛋白的研究。②在进行文库筛选时，假阳性结果常常干扰实验的准确性。由于某些蛋白质本身具有激活转录的功能或在酵母中表达时发挥转录激活作用，使 BD 融合蛋白在无特异 AD 的情况下也可激活转录；另外，某些蛋白质表面含有对多种蛋白质的低亲和力区域，能与其他蛋白质形成复合物，从而引起报告基因的表达。因此，为排除假阳性就需要作严格的对照实验，检测结果也必须通过其他蛋白间相互作用的实验如亲和层析或免疫共沉淀等来进一步验证。

本实验主要学习采用酵母双杂交系统来检测两个已知蛋白之间是否存在相互作用。

肌钙蛋白 I(TNNI)是横纹肌收缩调控系统中重要的调控蛋白—肌钙蛋白的抑制性亚基，TNNI2 是 TNNI 的快速骨骼肌亚型。ERRα1 为核受体超家族中孤儿受体亚家族成员。以 ERRα1 为“诱饵”，采用酵母双杂交系统筛选乳腺组织文库时，克隆到与 ERRα1 有相互作用的蛋白质 TNNI2。本实验主要学习采用酵母双杂交系统验证 TNNI2 与核受体 ERRα1 在酵母细胞中的相互作用。在酵母双杂交系统检测两个蛋白质的相互作用时，常采用酵母报告株 Y187，两个蛋白质的相互作用将激活 Y187 中的 β-半乳糖苷酶活性。β-半乳糖苷酶活性分析常采用菌落影印滤膜分析和以 ONPG 为底物的液体 β-半乳糖苷酶活性分析法。菌落影印滤膜分析是基于 X-ga1 为底物的蓝/白斑筛选定性分析。本实验主要依据 Bio101 酵母转化试剂盒说明，采用小量转化法将待测相互作用质粒共转化到酵母报告株 Y187 中，然后依据 Clontech 操作手册中的 β-半乳糖苷酶活性测定方法(以 ONPG 为底物液体分析法)分析阳性克隆的 β-半乳糖苷酶活性。以 β-半乳糖苷酶活性的强弱反映蛋白相互作用的强度。

【材料】

1. Y187　酵母报告宿主株，含 *Lac Z* 报告基因，用于检测两已知蛋白间的相互作用。转化标志：*TRP*1，*LEU*2。

2. 质粒　①pGBT9-hERRα1/LBD：由 ERRα1 的 LBD 片段(氨基酸残基 144～423)插入载体质粒 pGBT9 的 *Eco*R I 和 *Sal* I 位点构建而成，为融合表达酵母 GAL4/DBD 和 hERRα1/LBD 的质粒；②pACT2-TNNI2 质粒：由 TNNI2 的全长 cDNA 插入载体质粒 pACT2 的 *Bam*H I 和 *Xho* I 位点构建而成，为融合表达酵母 GAL4/AD 和 TNNI2 的质粒；③阳性对照质粒：pACT3-1(编码 p53H 和 GAL4/DBD 的融合质粒)和 pTD1-1(编码 SV40 大 T 抗原和 GAL4/AD 的融合质粒)；④阴性对照质粒：pLAM5′-1(编码人核纤层蛋白 C 与 GAL4/DBD 的融合质粒)。

3. 酵母转化试剂盒(Bio101)　包括 LiAc/PEG 溶液、担体 DNA(carrier DNA)，组氨酸溶液，SOS 培养基等。

4. SD/-Leu/-Trp 培养基

SD 基质	26.7g
DO 添加剂(-Leu/-Trp)	0.64g
琼脂(仅铺板时用)	20g

加水至 1000ml，调 pH 至 5.8，高压灭菌。

5. 邻-硝基苯-β-*D*-半乳糖苷(o-nitrophenyl-β-galactoside，ONPG)

6. YPD 培养基

胰蛋白胨	20g
酵母提取物	10g
琼脂(仅铺板时用)	20g

溶于 900ml 水，调 pH 至 5.8，高压灭菌，冷至 55°C 左右，加入 100ml 20g 的灭菌葡萄糖溶液(终浓度为 2%)。(注：葡萄糖、酵母提取物、胰蛋白胨混合后在高温下可能会发生化学反应，导致培养基成分变化，所以要分别灭菌后再混合。葡萄糖可以过滤除菌，也可以 115℃ 15min 灭菌。)

7. Z-缓冲液

$Na_2HPO_4 \cdot 7H_2O$	6.10g
$Na_2HPO_4 \cdot H_2O$	5.50g
KCl	0.75g
$MgSO_4 \cdot 7H_2O$	0.246g

加水至 1000ml，调 pH 至 7.4，高压灭菌。

8. β-巯基乙醇。

【器材】

台式低温高速离心机、电子天平、细胞培养用恒温恒湿培养箱、721B 型分光光度计等。

【操作】

1. 制备酵母 Y187 株工作贮存平板　酵母 Y187 株贮存在含 25%甘油的 YPD 培养液中，–70℃可无限期保存。将冷冻贮存株小量划线于 YPD 琼脂平板。30℃孵育平板，直到酵母菌落直径达约 2mm(约需 2～4 天)。用蜡膜密封平板，4℃可保存 2 个月。

2. 酵母感受态细胞制备

(1) 先挑取酵母 Y187 单菌落，在 100ml YPD 培养基中，30℃震荡培养到对数生长期。

(2) 1000*g* 离心 5min，去上清，细胞沉淀充分重悬于 5ml TE (pH7.5)中。

(3) 1000*g* 离心 5min，去上清，细胞沉淀轻柔重悬于 5ml 氯化锂/乙酸铯溶液，30℃轻轻震荡培养 30min。

(4) 1000*g* 离心 5min，去上清，细胞沉淀轻柔重悬于 1ml TEB pH7.5，此酵母感受态细胞用于转化。

3. 待测相互作用质粒共转化酵母菌株

(1) 转化反应体系为：100μl 酵母感受态细胞，5μl 担体 DNA，5μl 组氨酸溶液，pGBT9-hERRα1/LBD 与 pACT2-TNNI2(实验组)、pACT3-1 与 pTD1-1 质粒(阳性对组)或 pLAM5′-1 与 pACT2-TNNI2(阴性对组)各 100ng。

(2) 各组中分别加入 600μl LiAc/PEG，涡旋混匀，30℃振荡培养 30min，加入 70μl DMSO，轻柔混匀。

(3) 42℃热休克 15min，冰上放置 1～2min。

(4) 高速离心 1min 沉淀细胞，重悬于 200μl SOS 培养基中，铺于 SD/-Leu/-Trp 平板上。

(5) 30℃倒置培养 48～72 h，直至长出菌落。

4. β-半乳糖苷酶活性测定　依据 Clontech 操作手册中的β-半乳糖苷酶活性测定方法(以 ONPG 为底物)分析阳性克隆的β-半乳糖苷酶活性。

(1) 取完整的(直径 1～3mm)酵母菌落在 1ml SD/-Leu/-Trp 液体培养基中 30℃振荡培养过夜。

(2) 0.5ml 过夜培养物转接至 3ml YPD 培养基中，30℃振荡培养 3～5h，至对数生长期，精确记录 OD_{600} 值。

(3) 取 1.5m1 菌液高速离心 30s 沉淀细胞，1.5ml Z-缓冲液洗沉淀，悬浮沉淀在 300μl Z-缓冲液(浓缩 5 倍)。

(4) 取 100μl 悬浮液至新的 EP 管，将该 EP 管放在液氮中冻 0.5～1min。37℃水浴融化 0.5～1min。

(5) 以 100μl Z-缓冲液为空白管，分别加 0.7ml Z-缓冲液/β-巯基乙醇至反应管和空白管。记录时间，立即加 160μ1 ONPG/Z-缓冲液至反应管和空白管。30℃保温，出现黄色后，加 0.4ml Na_2CO_3 至反应管和空白管，终止反应，记录经过的时间。

(6) 反应管 14 000 转/分离心 10min，沉淀细胞碎片。小心转移上清至洁净的样品池。以空白管调零，测样品管 OD_{420}。

β-半乳糖苷酶活性单位的计算：1 个 β-半乳糖苷酶活性单位定义为每分钟分解 1 mmol ONPG 生成硝基苯酚的酶活性。

$$\beta\text{-半乳糖苷酶活性单位(U)} = 1000 \times OD_{420} / (t \times v \times OD_{600})$$

式中 t 为反应时间（min）；v 为 0.1m1×浓缩系数。

【注意事项】

1. 由于 *lac* Z 启动子结构的长度差异，在阳性双杂交分析中，Y187 比 Y190 或 CG-1945 有更高的 β-半乳糖苷酶活性。因此，Y187 的液体培养物可用于 β-半乳糖苷酶定量分析。

2. 酵母 Y187 株工作贮存平板必须新鲜制备，如果不能重新获得酵母株，可能是细胞已沉到管底，此时，应于冰上融化培养物，振荡混匀后，重新划板，贮存管可再冻。酵母菌落呈轻微粉红色或红色(因为 ade2-101 突变)，且能长到直径 2mm。由于自发突变消除了线粒体功能，约 1%～2%的酵母株可形成白色菌落，接种培养物时应避免使用这些白色菌落。工作贮存平板用蜡膜密封后，4℃可保存 2 个月，2 个月后需从冻存株中重新划板。

3. 为了减少实验可变性，对 5 个独立的菌落进行 X-ga1 活性测定，每一测定做 3 个平行管。

4. 由于启动子强弱不一，定量分析可能仅适合 Y190 或 Y187 酵母，而不适合 CG-1945 酵母。

5. X-ga1 比 NPG 敏感百万倍，瞬时或弱的双杂交不能用 ONPG 进行定量分析。

【思考题】

1. 与既往细胞外研究蛋白质之间相互作用的实验手段相比，酵母双杂交系统有何优、缺点？

2. 在酵母双杂交实验中，为什么 β-半乳糖苷酶活性的强弱可用来反映蛋白质之间相互作用的程度？

(何凤田　许志臻)

实验三十　RNA 干扰实验

【目的】

1. 了解 RNA 干扰(RNA interference，RNAi)技术的应用。
2. 掌握 RNAi 技术的基本原理及基本操作。

【原理】

病毒基因、人工转入基因、转座子等外源性基因随机整合到宿主细胞基因组内，并利用宿主细胞进行转录时，常产生一些双链 RNA(dsRNA)。宿主细胞对这些 dsRNA 迅即产生反应，其胞质中的核酸内切酶 Dicer 将 dsRNA 切割成多个具有特定长度和结构的小片段 RNA (大约 21～23 bp)，即小干扰 RNA(small interference RNA，siRNA)。siRNA 在细胞内 RNA 解旋酶的作用下解链成正义链和反义链，继而由反义 siRNA 再与体内一些酶 (包括内切酶、外切酶、解旋酶等) 结合形成 RNA 诱导的沉默复合物(RNA-induced silencing complex，RISC)。RISC 与外源性基因表达的 mRNA 的同源区进行特异性结合，RISC 具有核酸酶的功能，在结合部位切割 mRNA，切割位点即是与 siRNA 中反义链互补结合的两端。被切割后的断裂 mRNA 随即降解，从而诱发宿主细胞针对这些 mRNA 的降解反应。siRNA 不仅能引导 RISC 切割同源单链 mRNA，而且可作为引物与靶 RNA 结合并在 RNA 依赖的 RNA 聚合酶 (RNA-dependent RNA polymerase，RdRP) 作用下合成更多新的 dsRNA，新合成的 dsRNA 再由 Dicer 切割产生大量的次级 siRNA，从而使 RNAi 的作用进一步放大，最终将靶 mRNA 完全降解。RNAi 的基本原理见图 2-6-2。

RNAi 现象是由与靶基因序列同源的双链 RNA 引发的广泛存在于生物体内的序列特异性基因转录后的沉默过程。其基本特征包括：①RNAi 是转录后水平的基因沉默机制；②RNAi 具有很高的特异性，只降解与之序列相应的单个内源基因的 mRNA；③RNAi 抑制基因表达具有很高的效率，表型可以达到缺失突变体表型的程度；④RNAi 抑制基因表达的效应可以穿过细胞界限，在不同细胞间长距离传递和维持信号；⑤dsRNA 不得短于 21 个碱基，并且长链 dsRNA 也在细胞内被 Dicer 酶切割为 21 bp 左右的 siRNA，并由 siRNA 来介导 mRNA 切割；⑥RNAi 是一个 ATP 依赖的过程。

RNAi 具有高度的序列专一性和干扰有效性，因此可以特异地沉默特定基因，导致目标基因表达降低或功能丧失，是功能基因组学的一种强有力的研究工具。RNAi 技术可广泛应用于包括探索基因功能、筛选药物靶点、分析信号传导、疾病基因治疗等多个方面。

【RNAi 基本实验程序】

1. 设计 siRNA 序列　在设计 RNAi 实验时，可以先在以下网站进行目标序列的筛选。如：

http：//www.genesil.com/business/products/order2.htm

http：//www.ambion.com/techlib/misc/siRNA_finder.html

RNAi 目标序列的选取应遵循以下几个原则：

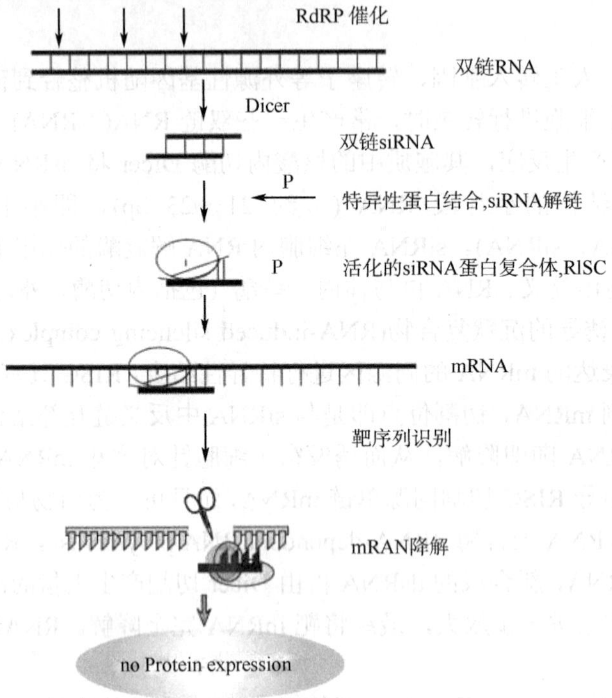

图 2-6-2 RNAi 的基本原理示意图

(1) 从 mRNA 的 AUG 起始密码开始，寻找“AA”二连序列，并记下其 3' 端的 19 个碱基序列，作为潜在的 siRNA 靶位点。有研究结果显示 GC 含量在 45%～55%左右的 siRNA 要比那些 GC 含量偏高的更为有效。Tuschl 等建议在设计 siRNA 时不要针对 5' 和 3' 端的非编码区(untranslated regions，UTRs)，原因是 UTRs 区有丰富的调控蛋白结合位点，而这些 UTR 结合蛋白或者翻译起始复合物可能会影响 RISC 复合物结合 mRNA，从而影响 RNAi 的效果。

(2) 将潜在的序列和相应的基因组数据库(人或者小鼠、大鼠等等)进行比较，排除那些和其他编码序列/EST 同源的序列。例如使用 BLAST(www.ncbi.nlm.nih.gov/BLAST/)。

(3) 通常一个基因需要设计多个靶序列的 siRNA，以找到最有效的 siRNA 序列。目前已证实的 siRNA 可以在下面的网页找到：

http：//design.dharmacon. com/catalog/category.aspx?key=49

http：//www.ambion.com/techlib/tb/tb_502.html

http：//web.mit.edu/mmcmanus/www/siRNADB.html

http：//python.penguindrea_ms.net/ Order_Entry/jsp/BrowseCatalog.jsp?Category=Published

一个完整的 siRNA 实验应该有阴性和阳性对照。作为阴性对照的 siRNA 应该和选中的 siRNA 序列有相同的组成，但是和 mRNA 没有明显的同源性。通常的做法是将选中的 siRNA 序列打乱，同样要检查结果以保证它和靶细胞中其他基因没有同源性。常用的 siRNA 阳性对照有 β-actin，*p*53，GAPDH 等，用于确保实验方法中的转染、提取物和检测方法的可靠性。

2. siRNA 的获得　较为常用的方法有体外制备和体内表达。体外制备包括化学合成、体外转录、长片段 dsRNAs 经 RNase Ⅲ类降解（如 Dicer，*E. coli*.RNase Ⅲ）。体内表达包括构建含有短发卡 RNA(short hairpin RNA，shRNA) 的表达载体、PCR 制备 siRNA 表达框架(siRNA expression cassettes，SECs)。其中体外制备中的化学合成方法和体内表达的 shRNA 表达载体的构建最为常用。

(1) 体外制备：化学合成法。

许多公司可以出售针对某些基因的、化学合成的 siRNA，或根据用户要求提供高质量的化学合成 siRNA。化学合成的 siRNA 具有操作简便、转染效率高、对细胞的毒副作用小、可大规模制备等优点，特别适用于在基因靶位点不确定的情况下，进行 siRNA 有效片段的筛选。缺点是只能观察瞬时的基因沉默，不能长时间稳定地研究基因功能。

(2) 体内表达：构建 shRNA 表达载体。

多数的 siRNA 表达载体依赖三种 RNA 聚合酶Ⅲ启动子(pol Ⅲ)中的一种，操纵一段 shRNA 在哺乳动物细胞中的表达。这三类启动子包括人源和鼠源的 U6 启动子和人 H1 启动子。之所以采用 RNA pol Ⅲ启动子是由于它可以在哺乳动物细胞中表达更多的小分子 RNA，而且它是通过添加一串(3 到 6 个)U 来终止转录的。目前，已有多个公司出售表达 shRNA 的质粒或病毒载体。在使用这类载体之前，需根据载体说明，设计并合成含有特异 siRNA 序列的模块。以 pcDNA3-U6M2 质粒为例，需要设计一条“5' 酶切位点—特异 siRNA 序列—9bp 的茎环结构—特异 siRNA 序列的反向互补序列— pol Ⅲ聚合酶终止信号 TTTTT—酶切位点 3'”的寡核苷酸链，以及另外一条该寡核苷酸链的互补链(不含酶切位点)。两条链退火后，克隆到经相应酶切的质粒多克隆位点内。模块设计见图 2-6-3。

siRNA 表达载体的优点在于可以进行较长期研究；带有抗生素标记的载体可以在细胞中持续抑制靶基因的表达，持续数星期甚至更久。病毒载体也可用于 siRNA 表达，其优势在于可以直接高效率感染细胞进行基因沉默的研究，避免由于质粒转染效率低而带来的种种不便，而且转染效果更加稳定。siRNA 表达载体最适用于“已知一个有效的 siRNA 序列，需要维持较长时间的基因沉默”这种情况，其不适用于筛选 siRNA 序列(主要是指需要多个克隆和测序等较为费时、繁琐的工作)。

Vector fragment:

```
1  gacgaaagatctgctagcgtttaaacttaagcttggtaccgagctcggatccactagtcc  60
   -----:-----|-----:-----|-----:-----|-----:-----|-----:-----|-----:-----|
1  ctgcttctagacgatcgcaaatttgaattcgaaccatggctcgagcctaggtgatcagg  60
         BglII                          KpnI
```

shRNA cassette:

		sense	loop	antisense	term	
GATCT	G	(N)$_{21\sim23}$	TTCAAGACG	(N)$_{21\sim23}$	TTTTT	GGTAC
A	C	(N)$_{21\sim23}$	AAGTTCTGC	(N)$_{21\sim23}$	AAAAA	C
*Bgl*II						*Kpn*I

Cloned shRNA construct:

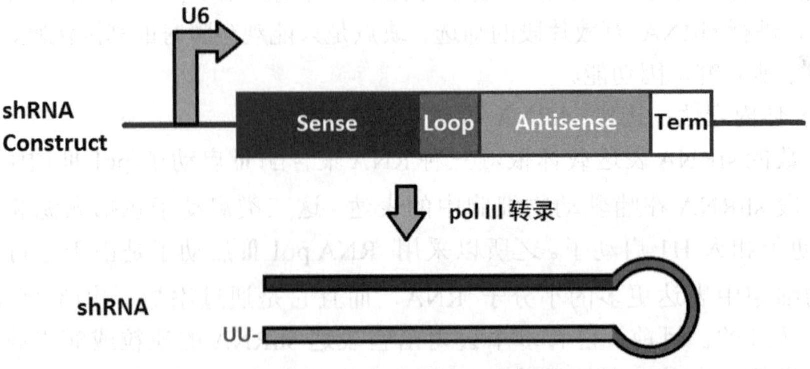

图 2-6-3　用于 shRNA 克隆的寡核苷酸模块的设计示意图

3. siRNA 的转染　将合成的 siRNA 序列或 siRNA 表达质粒转染至真核细胞中的方法主要有以下几种：磷酸钙共沉淀法、电穿孔法、葡聚糖转染法、机械法和脂质体介导法。针对 siRNA 制备方法以及靶细胞类型的不同，选择合适的转染试剂和优化操作对 siRNA 实验的成功至关重要。具体到脂质体转染，可根据所选的细胞系和转染材料的不同，到 Invitrogen 公司和 Qigene 公司等提供的相关数据库进行查询，以挑选转染效率高的转染试剂和已优化条件的转染操作流程。

4. RNAi 的效果分析　RNAi 分子水平的检测主要通过 mRNA 和蛋白两个方面进行检测。对于 mRNA，可以采用 RT-PCR、荧光定量 PCR 或 Northern 杂交等，通过信号强弱判断目标基因的沉默效果。针对蛋白水平检测，可通过 Western blot、免疫吸附试验(ELISA)、免疫荧光等。当然 RNAi 最大以及最终的效果是要观察细胞的生物学行为的变化。

下面介绍使用 shRNA 表达质粒，抑制 HeLa 细胞中 *cyclin E* 基因表达的实验方法。

【材料】

①HeLa 细胞株、② PNK 酶、③限制性内切酶 *Bgl* Ⅱ和 *Kpn* Ⅰ、④DNA 抽提试剂盒及胶回收试剂盒、⑤DMEM 细胞培养基、⑥opti-MEM、⑦Lipofectamine LTX、⑧二甲基亚砜(DMSO)。

【器材】

冷冻离心机、微量移液器、恒温磁力搅拌器、冰箱、超净工作台、电泳仪、凝胶成像系统、倒置相差荧光显微镜及流式细胞仪。

【操作】

1. **cyclin E** 基因 **siRNA** 真核表达质粒的构建

(1) 设计 cyclin E 基因靶序列：AATGCGAGCAATTCTTCTGGATT；阴性对照序列：GACTTCATAAGGCGCATGC；阳性对照 β-actin 基因序列：AATGAAGATCAAGATCATTGC。公司合成含有上述序列的 shRNA 模块及其互补链，cyclin E：

5' **GATCT** G AATGCGAGCAATTCTTCTGGATT **TTCAAGACG** AATCCAGAAGAATT GCTCGCATT TTTTT **GGTAC** 3'；

5' **C** AAAAAAATGCGAGCAATTCTTCTGGATT**GGACTGGGT**AATCCAGAAG AATT GCTCGCATT C **A** 3'。

阴性对照和阳性对照的模块序列设计同 cyclin E。

(2) 瞬时离心装有寡核苷酸片段的 Ep 管，小心打开管盖，加入灭菌的 ddH_2O，将寡核苷酸浓度稀释至 100 μmol/L，置于−20°C 保存。

(3) 寡核苷酸片段的磷酸化：在 EP 管中加入

100μmol/L 寡核苷酸片段	2μl
10×PNK 缓冲液	2μl
10mmol/ L ATP	2μl
PNK	0.5μl
ddH_2O	13.5μl

混匀后 37°C 孵育 1h。

(4) 取互补的磷酸化寡核苷酸片段各 10μl，75°C 孵育 10min，并在室温下自然冷却退火。(管中每种寡核苷酸片段的浓度为 5μmol/L)。

(5) 将上述退火形成的双链 DNA 稀释 25 倍。(管中每种寡核苷酸片段的浓度为 200nmol/L，对于长度为 70bp 和 30bp 的寡核苷酸序列来讲，相当于 9 ng/μl 和 4 ng/μl。

(6) 用 *Bgl* Ⅱ和 *Kpn* Ⅰ双酶切 pcDNA3-U6M2 质粒，并胶回收酶切质粒。pcDNA3-U6M2 质粒的图谱见图 2-6-4。

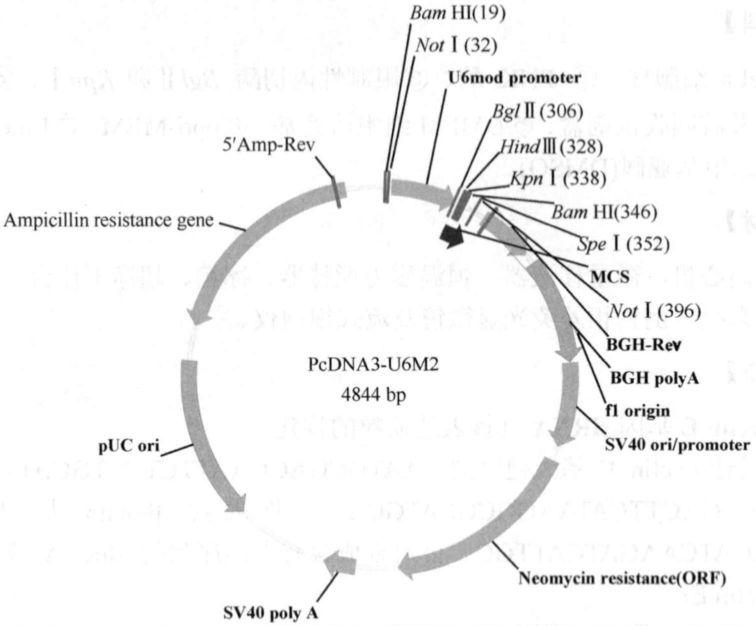

图 2-6-4 pcDNA3-U6M2 质粒图谱

(7) shRNA 表达质粒的克隆和鉴定：克隆和鉴定的操作见本教材的相关章节。鉴定正确的 3 种质粒分别命名为 pcDNA3-U6M2-cyclinE(cyclinE shRNA)、pcDNA3-U6M2-NC(cyclinE shRNA 的阴性对照)及 pcDNA3-U6M2-PC(β-actin shRNA)。

2. 细胞转染

(1) 用 DMEM 细胞培养基(含 10%胎牛血清，1%青链霉素)常规培养 HeLa 细胞。于转染前一天，消化细胞并计数。将 2×10^5 细胞铺于 6 孔板内，每孔总体积为 2ml 培养基。待第二日细胞贴壁后(细胞融合率约为 50%～80%)，准备转染。

(2) 试验共分 4 组(每组设立三个复孔)：cyclinE 沉默组、阴性对照组、阳性对照组和空白对照组。取 pcDNA3-U6M2-cyclinE、pcDNA3-U6M2-NC、pcDNA3-U6M2-PC 各 1.25μg(空白对照加入 PBS)分别加入装有 500μl opti-MEM 溶液的 EP 管中，轻轻混匀，继而在各管中加入 4μl Lipofectamine LTX，混匀后室温放置 25min。弃去细胞培养孔内的培养基，将上述 500μl 质粒和脂质体混合液 opti-MEM 加入相应孔内，轻轻晃动六孔板。

(3) 置细胞培养板于细胞培养箱内，放置 24h。

3. RNAi 效果检测　提取转染后各孔细胞的总 RNA，逆转录后，经荧光定量 PCR 法检测 cyclin E 基因在 mRNA 水平的表达；提取转染后各孔细胞的总蛋白，经 Western blot 检测 cylin E 基因在蛋白水平的表达。具体操作过程见相关章节。

【注意事项】

1. siRNA 序列设计时，每个基因需要选择 4～5 个 siRNA 序列，然后用生物信息学方法进行同源性比较，剔除与其他基因有同源性的序列，选出一个特异性最佳的 siRNA。

2. RNAi 实验过程中设计系统的对照组实验。设立正确的阳性对照和阴性对照是 RNAi 实验不可缺少的部分，有助于实验结果的分析和进一步优化实验条件。

3. 获得 siRNA 的方法较多，但各有其优点和局限性，需要根据实验的目的来选择获取 siRNA 的方式。

【思考题】

1. RNAi 的基本原理是什么？
2. 设计 siRNA 序列需要遵循哪些基本原则？
3. 如何判断 siRNA 的干扰效果？

(何凤田　周　鹏)

实验三十一　蛋白质免疫共沉淀

【目的】

1. 了解蛋白免疫共沉淀实验的注意事项。
2. 掌握蛋白质免疫共沉淀实验的基本原理及基本操作步骤。

【原理】

蛋白质免疫共沉淀(co-immunoprecipitation，Co-IP)实验是以抗体和抗原之间的特异性结合为基础的用于研究蛋白质相互作用的经典方法。其基本原理如图 2-6-5 所示：当细胞在非变性条件下被裂解时，存在于活细胞内的蛋白质相互作用关系被保留下来。此时如果用针对 A 蛋白的特异性抗体进行免疫沉淀，那么细胞内与 A 蛋白结合的蛋白质 B 也能同时被沉淀下来。来源于链球菌(*Streptococci*)胞壁的蛋白 A/G(Protein A/G，分别来自 A 类和 G 类链球菌株)能够特异性地与大多数哺乳动物的免疫球蛋白 IgG 的 Fc 段结合。基于这一特性，将精制的 Protein A/G 预先结合固化在琼脂糖珠(agarose beads)上，使之与溶液中的抗原抗体复合物作用后，通过低速离心收集 beads 就能达到吸附和富集抗原(A 蛋白)以及与 A 蛋白互作的 B 蛋白的目的。

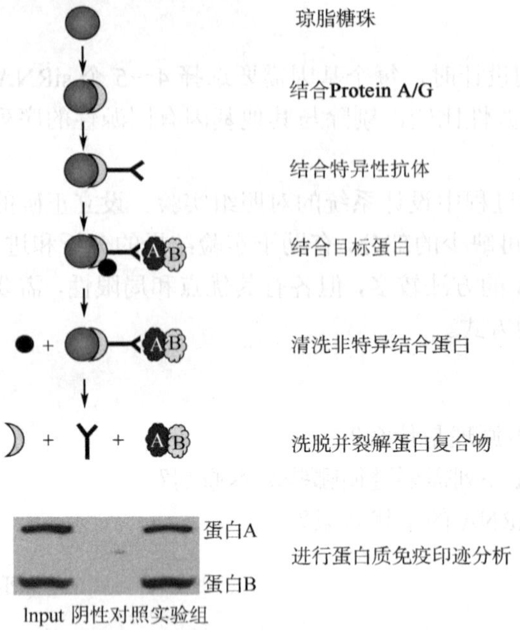

图 2-6-5 Co-IP 实验原理示意图

这种方法既能够有效检测两种处于天然构象的目标蛋白在体内是否存在相互作用，也可用于鉴定某种特定蛋白质的新的作用靶蛋白。其不足之处在于：①可能检测不到低亲和力或瞬时的蛋白质相互作用；②不能确定两种蛋白是直接相互作用还是有第三者在中间起桥梁作用；③实验前需对目的蛋白进行预测，以选择相应的抗体。如预测错误，则得不到实验结果，方法具有一定风险性。

进行 Co-IP 实验的材料和试剂较多，方法也不尽相同，但基本原理相同。本实验以美国 Roche 公司的 Immunoprecipitation kit 为例介绍 Co-IP 的操作方法。

【试剂】

1. 磷酸盐缓冲液(PBS) 称取 8g NaCl，0.2g KCl，1.44g Na_2HPO_4 和 0.24g KH_2PO_4 溶解于 900ml 蒸馏水中，用 HCl 调 pH 至 7.0，最后定容至 1000ml。

2. 细胞裂解液(Lysis buffer) Co-IP 实验通常采用较温和的裂解条件，其 Lysis buffer 的基础成分和终浓度如下 50mmol/L Tris-HCl，pH 7.5；150mmol/L NaCl；1% Nonidet P40；0.5%去氧胆酸钠。

3. 蛋白酶抑制剂(protease inhibitor) 制备蛋白提取物时，在 Lysis buffer 中添加相应的蛋白酶抑制剂对于防止目的蛋白降解非常关键。常用的蛋白酶抑制剂及其特异性和工作浓度见下表：

表 2-6-2 常用蛋白酶抑制剂

蛋白酶抑制剂	特异性	工作浓度
多种蛋白酶抑制剂混合物(Protease Cocktail /Complete tablets)	丝氨酸蛋白酶、半胱氨酸蛋白酶、金属蛋白酶、辅酶	1 tablet/25～50ml
EDTA	金属蛋白酶	0.5～5mmol/L
抑蛋白酶肽(Aprotinin)	丝氨酸蛋白酶	0.06～2μg/ml
胃蛋白酶抑制剂(Pepstatin)	天冬氨酸蛋白酶	1μmol/L
亮抑蛋白酶肽(Leupeptin)	丝氨酸蛋白酶/半胱氨酸蛋白酶	1～10 μg/ml
苯甲基磺酰氟(PMSF)	丝氨酸蛋白酶	0.1～1 mmol/L(异丙醇或无水乙醇制成 200mmol/L 贮存液)

4. Protein A/G 琼脂糖珠悬液 通常 1ml Protein A/G beads 可以结合 20mg 纯化的 IgG。

5. 高盐洗涤缓冲液(wash buffer with high salt) 50mmol/L Tris-HCl，pH 7.5；500mmol/L NaCl；0.1% Nonidet P40；0.05%去氧胆酸钠。

6. 低盐洗涤缓冲液(Wash buffer with low salt) 10mmol/L Tris-HCl，pH 7.5；0.1% Nonidet P40；0.05%去氧胆酸钠。

7. 1×SDS-PAGE 上样缓冲液 取 SDS 100mg，巯基乙醇 0.1ml，甘油 1ml，溴酚蓝 2mg，Tris 缓冲液(0.2mol/L，pH7.2)0.5ml，加水至 10ml。(2×及 6×上样缓冲液即依照配方，在总体积不变的情况下，增加组分用量为 1×上样缓冲液的 2 倍或 6 倍)。

【器材】

细胞培养皿(或细胞培养瓶)、细胞刮、离心管、离心机、匀浆器、电磁炉，水平摇床、垂直板型 SDS-PAGE 电泳槽、直流稳压电源、微量注射器、玻璃板、烧杯、吸量管、长头滴管等。

【操作】

1. 裂解细胞制备样品

(1) 收集细胞或组织，用冰预冷的 PBS 洗涤两遍，最后一次吸干 PBS。

(2) 向细胞或组织中加入预冷的细胞裂解液(含蛋白酶抑制剂)，裂解液的总体积控制在 1～3ml(1ml 为宜)。对于细胞样品而言，最终密度为 10^6～10^7 个细胞/ml；对于组织样品而言，最终密度为 5～20mg 组织/ml。

(3) 用预冷的细胞刮将细胞从培养皿或培养瓶上刮下来，将细胞悬液转移到 1.5ml EP 管中。组织样品需用匀浆器制成组织匀浆后转移到 1.5ml EP 管中，冰浴，水平摇床上缓慢摇动 15min 以充分裂解细胞。

(4) 将细胞悬液或组织匀浆 4℃，12 000g 离心 15min。取上清，转移至新的洁净离心管。

(5) 取少量上清进行定量(具体参见蛋白定量实验)，将所有蛋白样品用裂解液调至等浓度。

2. 蛋白样品的预处理

为了降低样品中无关蛋白与 Protein A/G 琼脂糖珠非特异结合所产生的背景，特在进行免疫沉淀前，向蛋白样品中加入一定量的 Protein A/G 琼脂糖珠进行预处理。具体操作如下：

(1) 每 1～3ml 蛋白提取液中加入 50μl 的 Protein A/G 琼脂糖珠，随后置于 4℃，水平摇床上缓慢摇动孵育至少 3h(或过夜)。

(2) 12 000*g* 离心 20s 收集琼脂糖珠，将上清转移至新的离心管中。

3. 免疫沉淀

(1) 向预处理过的蛋白样品中加入适量的针对目标蛋白的特异性抗体，4℃孵育 1h(可置于水平摇床上缓慢摇动)。

(2) 向以上抗原抗体混合液中加入 50μl Protein A/G 琼脂糖珠，置于 4℃，水平摇床上缓慢摇动孵育至少 3h(或过夜)。

(3) 12 000*g* 离心 20s，弃上清，收集沉淀下来的蛋白复合物。

(4) 用 1ml 细胞裂解液重悬琼脂糖珠进行洗涤，4℃水平摇床上孵育 20min，12 000*g* 离心 20s，收集挂有抗原抗体复合物的琼脂糖珠。

(5) 重复步骤(4)一次，即共用细胞裂解液洗涤琼脂糖珠两次。

(6) 用高盐洗涤缓冲液洗涤挂有抗原抗体复合物的琼脂糖珠两次，具体操作同步骤(4)。

(7) 相同方法，再用低盐洗涤缓冲液洗涤挂有抗原抗体复合物的琼脂糖珠一次。最后一次洗涤后，彻底弃尽残余的洗涤缓冲液。

4. SDS-聚丙烯酰胺凝胶电泳

(1) 向收集到的琼脂糖珠中加入 25～75μl SDS-PAGE 上样 buffer，100℃，热变性 3min。

(2) 室温 12 000*g* 离心 20s，沉淀琼脂糖珠，取上清转移至新的离心管。

上样，进行 SDS-聚丙烯酰胺凝胶电泳。

5. 免疫印迹(Western Blot)　SDS-PAGE 结束后，将电泳分离得到的蛋白转印到尼龙膜或 PVDF 膜上进行免疫印迹分析(具体操作步骤参见常规 Western Blot 操作方法)，以此检测经 A 蛋白的特异抗体沉淀下来的蛋白复合物中，B 蛋白的丰度(从而判断 A 蛋白与 B 蛋白间是否存在相互作用)。与此同时，还需检测沉淀复合物中 A 蛋白本身的水平作为 loading control。

【注意事项】

1. 对 Co-IP 实验而言，在充分裂解细胞的同时，最大限度地保持目的蛋白的天然构象，免疫原性和生物学活性是实验成败的关键。因此，通常采用较温和的裂解条件，多采用非离子去污剂(NP40 或 Triton X-100)，不能使用高浓度的阴离子去污剂(0.2% SDS)。细胞裂解液中要加各种蛋白酶抑制剂。

2. 抗体的特异性和浓度对免疫沉淀的结果至关重要。首先确保抗体的特异性，即在不表达抗原的细胞溶解物中添加抗体后不会引起共沉淀。接着通过预实验确定合适的沉淀抗体浓度。通常选择 1mg 总蛋白对应添加 1μg 抗体，抗体添加过多会产生假阳性。

3. 免疫沉淀时需设置合理的对照。一般采用添加等量的 IgG 或针对胞内其他无关蛋白的结合抗体作为阴性对照。

4. Protein A 和 Protein G 对不同种属、不同亚型的免疫球蛋白的亲和力不同，因此需根据免疫沉淀时抗体的种属和亚型选择合适的琼脂糖珠。也可使用 Protein A 和 Protein G 的混合物，以达到最佳效果。

5. 选择不同种属的抗体分别进行免疫沉淀和 Western Blot，同时再选择一个与免疫沉淀用抗体无交叉反应或反应较弱的二抗进行 Western Blot，以消除残留的免疫沉淀抗体在 Western Blot 显影中的信号。

6. 洗涤是去除免疫沉淀中非特异性吸附的关键环节。洗涤缓冲液中的 NaCl 浓度和去污剂比例可根据实验需求进行调节，但同时需考虑抗原抗体的结合强度。通常结合牢固的抗原抗体复合物可选择高盐缓冲液进行洗涤，相反则选择低盐的洗涤缓冲液。

7. 为了确定蛋白间的相互作用是发生在细胞中，而不是由于细胞的溶解才发生的，通常需要辅以蛋白质细胞定位实验加以佐证。

【思考题】

1. 简述 Co-IP 的基本原理。
2. 影响 Co-IP 的因素有哪些？

(何凤田　赵元茵)

第七章 综合性实验

实验三十二 血清γ-球蛋白的分离与纯化

【目的】

1. 掌握分离纯化蛋白质的基本原理和基本过程。

2. 熟悉盐析、离心、层析、电泳、比色等生物化学基本技术在蛋白质分离纯化中的综合应用。

3. 学会设计和制定分离纯化蛋白质的实验方案、技术路线和质量监控和保证措施。

【原理】

不同蛋白质的理化性质和生物学特性各有不同，利用这些性质差异便可将其分离纯化。

血清蛋白有300多种，可粗略分成清蛋白、球蛋白两大类。用醋酸纤维素薄膜电泳(CAME)可将血清蛋白分为清蛋白、α1、α2、β、γ球蛋白五个组分。其中γ-球蛋白是一类具有相似结构和功能的球蛋白的一个亚类，这些蛋白质都具有免疫功能，对机体起防卫作用，是免疫球蛋白的主要部分。γ-球蛋白分子由四个亚基组成，两个轻链和两个重链；大多数γ-球蛋白的分子量为 150 000道尔顿左右，pI在6.3～7.3范围；血清中γ-球蛋白的含量为 7～15g/L(即 700～1500mg/dl)。

欲用盐析的方法获得γ-球蛋白，可先用半饱和硫酸铵(50%饱和度)从血清中盐析出球蛋白，再用33%饱和度的硫酸铵可盐析出γ-球蛋白，接着用葡聚糖凝胶G-25(Sephadex G-25)脱去γ-球蛋白中的盐分(硫酸铵)，最后用DEAE(二乙基氨基乙基)纤维素阴离子交换柱，可对脱盐的γ-球蛋白溶液进一步分离纯化，获得纯度较高的γ-球蛋白。

纯化前后的γ-球蛋白可用醋酸纤维素薄膜电泳的方法进行比较鉴定。

【材料】

1. 血清　取兔子全血，凝固后取血清，–20℃保存。

2. 饱和$(NH_4)_2SO_4$溶液　称固体$(NH_4)_2SO_4$(分析纯)850g 置于 1000ml 蒸馏水中，在70～80℃水中搅拌溶解，室温中放置过夜，瓶底析出白色结晶，上清液即为饱和$(NH_4)_2SO_4$液。

3. 0.01mol/l pH7.4 磷酸盐缓冲液(pH7.4 PBS)

(1) 0.2mol/l NaH_2PO_4溶液：称取 31.29g $NaH_2PO_4 \cdot 2H_2O$，用蒸馏水后，定容

到 1000ml 容量瓶中；

(2) 0.2mol/l Na_2HPO_4 溶液：称取 71.64g $Na_2HPO_4 \cdot 12H_2O$，用蒸馏水后，定容到 1000ml 容量瓶中；

取 0.2mol/l NaH_2PO_4 溶液 9.5ml 和 0.2mol/l Na_2HPO_4 溶液 40.5ml，然后加蒸馏水稀释，定容到 1000ml，即得 0.01mol/l pH7.4 磷酸盐缓冲液。

4. 0.0175mol/l pH6.3 磷酸缓冲液(pH6.3 PBS)

(1) 0.0175mol/l NaH_2PO_4 液：称取 2.730g $NaH_2PO_4 \cdot 2H_2O$ 溶于 100ml 蒸馏水中，转入 1000ml 容量瓶中，加蒸馏水稀释至刻度；

(2) 0.0175mol/l Na_2HPO_4 液：称取 6.269g $Na_2HPO_4 \cdot 12H_2O$ 溶于 100ml 蒸馏水中，转入 1000ml 容量瓶中，加蒸馏水稀释至刻度；

取 0.0175mol/l NaH_2PO_4 液 77.5ml 和 0.0175mol/l Na_2HPO_4 液液 22.5ml，混匀后即成 0.0175mol/l pH6.3 的磷酸缓冲液。

5. 20%磺基水杨酸　取 20g 磺基水杨酸，溶于 100ml 蒸馏水中。

6. Nesseler 试剂　称取 16g 氢氧化钠，溶于 50ml 水中，充分冷却至室温。

另称取 7g 碘化钾和碘化汞(HgI_2)溶于水，然后将此溶液在搅拌下徐徐注入氢氧化钠溶液中。用水稀释至 100ml，贮于聚乙烯瓶中，密塞保存。

7. 葡聚糖凝胶 G-25　按每 100ml 凝胶床需干的葡聚糖凝胶 G-25 的量为 25g，置于锥形瓶中，按每克干胶加入蒸馏水约 30ml，轻轻摇匀，并于沸水浴中加热 1h，或于室温浸泡 24h，搅拌后稍静置，倾去上清细粒，用蒸馏水漂洗。

8. DEAE(二乙氨基乙基)纤维素处理　按 100ml 柱床体积称取 DEAE 纤维素 14g，每克纤维素加 0.5mol/l HCl 15ml 搅拌，放置 30min(HCl 处理时间不可太长，否则 DEAE-纤维素变质)，加约 10 倍量的蒸馏水搅匀，放置片刻，待纤维素下沉后，倾弃含细微悬浮物的上层液，如此反复 2～3 次。最后一次沉淀 30min 后，虹吸吸去上清或布氏漏斗抽滤，如此反复水洗至清液或滤液 pH>4 为止。然后往沉淀中加入等体积 1mol/l 的 NaOH 溶液，使 NaOH 的最终浓度约为 0.5mol/l，搅拌后，放置 30min，以虹吸吸去上清或布氏漏斗抽滤，同上用蒸馏水反复洗至 pH6～7 为止，虹吸吸去上清或布氏漏斗抽滤，然后加入 0.0175mol/L pH6.3 磷酸缓冲液使之平衡，置 4℃冰箱内保存备用。

9. 巴比妥缓冲液(pH8.6，离子强度 0.06)　巴比妥钠 12.7g，巴比妥 1.66g，先加水少量，小心加热溶解，最后用蒸馏水定容为 1000ml，4℃保存。

10. 丽春红染色液　称丽春红-S 0.5g，加入甲醇 50ml，冰乙酸 10ml，蒸馏水 40ml，混匀。

11. 漂洗液　95%乙醇溶液 45ml，冰乙酸 5ml，蒸馏水 50ml，按比例混匀。

【器材】

离心机和管套、层析柱(直径约 1～1.2cm，长约 30cm)、电泳仪和电泳槽、试管和试管架、铁架台、冰箱、比色反应板、染液盘、漂洗盘和镊子(或竹夹子)。

【操作】

1. 盐析法提取γ-球蛋白

(1) 盐析：在离心管内加入兔血清 4ml、PBS(0.1mol/l，pH7.4)4ml，混匀。再逐滴加入 8ml 饱和硫酸铵溶液，边加边摇匀。4℃静置 30min，4000 转/分，离心 10min 取沉淀。

(2) 再盐析：将上述沉淀用 4ml PBS(0.1mol/l，pH7.4)溶解后(留样 200μl)，逐滴加入饱和硫酸铵 2ml，边加边摇匀。4℃静置 30min，4000 转/分，离心 15min 留取沉淀。用 1ml PBS(0.1mol/l，pH7.4)溶解沉淀物制成γ-球蛋白粗提液(留样 50μl)。

2. 用 Sephadex G-25 脱盐

(1) Sephadex G-25 的预处理：见材料。

(2) 装柱：将经预处理的 Sephadex G-25 装入 1.0cm ×20cm 的层析柱待用。凝胶柱表面应在层析柱上口以下约 4～5cm。

(3) 上样：将盐析后取得的γ-球蛋白粗提液 1ml 上样。方法：打开层析柱下夹，让凝胶表面以上的液体正好流完至与凝胶上表面相切，关闭下夹。用滴管将样品沿管内壁加在凝胶表面，打开下夹，使样品缓慢地全部进入凝胶柱内。用 1 ～2ml PBS(0.1mol/l，pH7.4)轻轻冲洗柱壁，并使其缓缓流入凝胶柱内，关闭下夹。在凝胶柱表面加入少量 PBS(0.1mol/l，pH7.4)，使液柱高 2～3cm。

(4) 洗脱及收集：打开下夹，在上口源源不断加入 PBS(0.1mol/l，pH7.4)进行洗脱。大分子γ-球蛋白先被洗脱流出，小分子$(NH_4)_2SO_4$最后被洗脱流出。洗脱速度不应大于 1ml/min。对流出液进行分部收集(用部分收集器或用人工方法收集于小试管中，10 滴/管)。收集若干管(若部分收集器带有紫外监测仪，应收集到A_{280}< 0.01；若人工收集，最后两个收集管应该检测不到铵根离子，如下)，未待凝胶柱表面 PBS(0.1mol/l，pH7.4)流尽，即关闭下夹。

(5) 收集液检查：在每一管的收集液中各取两滴，分别滴于两个比色反应板(一个为黑色背底，另一个为白色)的孔内。一孔用于检查NH_4^+，另一孔用于检查蛋白质。

检NH_4^+孔(白底)：加入一滴纳氏试剂。有NH_4^+者产生棕红色沉淀。

检蛋白孔(黑底)：加入一滴 20%磺基水杨酸，有蛋白者产生白色混浊或沉淀。

(6) 汇总收集液：将蛋白含量高而基本无NH_4^+的各管收集液汇集于大试管中，并量其体积。含蛋白的收集液可见白色浑浊状。

(7) 浓缩：向蛋白收集液中按 0.2g/ml 加入 Sephadex G-25 干胶(G-50 用量可减至 0.10g/ml)，振摇 5min 后用 3000 转/分离心 5min，取上清液(留样 20μl)。此浓缩过程具有进一步脱盐的作用。

3. DEAE 纤维素柱层析进一步纯化　用 DEAE 纤维素装柱约 8～10cm 高度，并用 0.0175mol/l 磷酸盐缓冲液(pH6.3)平衡，然后将脱盐后的γ-球蛋白溶液缓慢加于 DEAE 纤维素阴离子交换柱上，用同一缓冲液洗脱、分管收集。用 20%磺基水杨酸溶液检查蛋白质的分布情况。将含有蛋白质的收集液汇总，用 Sephadex G-25 进行浓缩(留样 20μl)。具体的装柱、上样、洗脱、收集和蛋白质检测以及浓缩等操作步骤同 Sephadex G-25 脱盐。

4. 醋酸纤维素薄膜电泳检测

(1) 浸泡：将醋酸纤维薄膜，浸于巴比妥缓冲液，待完全浸透后，取出置于滤纸上，轻轻吸去多余的缓冲液。

(2) 点样：在薄膜的无光泽面的一端 1.0cm 处(不要接触边沿)，用小玻片或毛细管蘸取少许血清、盐析、脱盐和 DEAE 纤维素层析纯化样品，垂直印于膜上，待样品浸入膜后，将薄膜有样品的一面向下贴在电泳槽架上，两端用数层浸湿的滤纸(或纱布)作盐桥贴紧。(其他样品同样处理，若需标记，只能用铅笔书写于有光泽面的两端)

(3) 通电：一般电压用 90～120V，电流约 0.4～0.6mA/cm，通电 45～60min，待电泳区带展开约 25～35mm 后关闭电源。

(4) 染色：通电完毕，将薄膜直接浸于染色液中，3～5min 后取出放入另一盘中，用漂洗液浸洗数次，每次 3min，至脱色使背景无色为止。染色完毕，将染色液倒回原试剂瓶回收，漂洗液注入回收瓶待处理。详尽的实验原理和操作步骤可参考实验十八血清蛋白质醋酸纤维素薄膜电泳。

【注意事项】

1. 勿使盐析中发生共沉。为此加饱和$(NH_4)_2SO_4$时 ①每滴不宜大，②速度不宜快；③边加边搅动。

2. 严格按柱层析的装柱、上样的技术要求，①装好 G-25 柱，上好待脱盐的盐析球蛋白液；②装好 DEAE 柱，上好待分离纯化 γ-球蛋白的脱盐球蛋白液。

3. 脱盐流速不宜过快，一般 0.5ml/m 为宜。

4. pH6.3 是 DEAE 离子交换层析柱从样品球蛋白中截留 α 和 β 球蛋白，放行 γ 球蛋白，致使 γ 球蛋白得以分离纯化的关键 pH，必须调配准确。

5. Nesseler 试剂是检查球蛋白盐析液通过 G-25 柱的流出液中有没有 NH_4^+，事关脱盐效果。该试剂的酸碱度对检察的准确性和灵敏度甚为重要。为此，可用该试剂滴定 20ml 1mol/l 的标准 HCl，从其耗量(即滴定值)评价其酸碱度。具有最适酸碱度的 Nesseler 试剂，对 20ml 标准 HCl 的耗量在 11～11.5ml。若耗量超出 11.5ml 说明该试剂偏酸，显色偏浅，测试将出现假阴性；如消耗低于 9.5ml，试剂偏碱，显色偏深，乃至出现红色沉淀，测试结果会出现假阳性。若遇上述情况可用无 Na_2CO_3 的 10%的 NaOH 溶液或 1mol/l 的 HCl 进行调试。

6. 对实验过程的留样进行醋酸纤维素薄膜电泳时，由于留样的溶液浓度较低，应多次点样，每次点样时待干后再点，共约点 15～20μl。

【思考题】

1. 简述各分离、纯化和质控步骤所依据的原理、技术要求和意义。

2. 该实验的蛋白电泳不选择 SDS-聚丙烯酰胺凝胶电泳的原因是什么？醋酸纤维素薄膜电泳与 SDS-聚丙烯酰胺凝胶电泳对本实验蛋白纯化的检测各有什么优缺点？

3. 若需要从血浆/清或其他标本中分离某种蛋白质，可以怎么办？写出实验设计。

(杨泽民)

实验三十三　动物组织核酸的提取和含量测定

【目的】

这是一个综合实验，掌握细胞内某一成分(如核酸)的分离纯化及含量测定，提高学生综合思维能力、实验设计技能以及实验操作水平。

(一) 细胞核的分离与纯化

【原理】

核酸分为核糖核酸(RNA，主要分布于细胞质中，核内含量少)和脱氧核糖核酸(DNA，主要分布于细胞核中，细胞质中含量少)。将动物的肝组织剪碎后，匀浆破细胞得无细胞悬液，离心得上清液，用于测定细胞质中 RNA 和 DNA 的含量；沉淀物为细胞核粗品(含细胞膜碎片、未破碎的完整细胞等)，经蔗糖-柠檬酸密度梯度离心，得细胞核沉淀，再经洗涤离心，得较纯净的细胞核制品核悬液用于测定细胞核中 RNA 和 DNA 的含量。

【试剂】

1. 0.9% NaCl 溶液。

2. 1.5%柠檬酸溶液。

3. 0.25mol/L 蔗糖-柠檬酸溶液(含 3.3mmol/L $CaCl_2$)　蔗糖 86g 及 $CaCl_2$ 363mg，用 1.5%柠檬酸溶液稀释至 1000ml。

4. 0.88mol/L 蔗糖-柠檬酸溶液(含 3.3mmol/L $CaCl_2$)　蔗糖 301g 及 $CaCl_2$ 363mg，用 1.5%柠檬酸溶液溶解并稀释至 1000ml。

5. 核洗液　即 0.05mol/L Tris-HCl (pH7.5)-0.15mol/L NaCl 溶液，在 0.2mol/L Tris-HCl pH7.5 缓冲液 250ml 中，加入 NaCl 8.7g，再用蒸馏水稀释至 1000ml。

6. 0.02mol/L NaOH 溶液。

【器材】

解剖用具(手术剪，无齿镊，解剖刀、弯盘)、玻璃匀浆器、托盘天平、离心机、超声清洗器。

【操作】

1. 肝匀浆制备　将小鼠处死，迅速取出肝脏，用 0.9% NaCl 溶液洗去血液，除去结缔组织，剪碎，称取 0.5g 肝组织，加 4.5ml 1.5%柠檬酸溶液，在匀浆器中制成匀浆。将匀浆液用四层纱布重复过滤 2 次，以除去打碎的残渣。

2. 分离细胞质与细胞核

(1) 将匀浆液全部倾入离心管中，4000 转/分离心 15min，上清液为细胞质液，倒于另一试管中保留，待测定核酸含量。

(2) 沉淀为粗制的细胞核，加入 1ml 0.25mol/L 蔗糖-柠檬酸溶液，用玻棒搅匀，超声约 30s 制成均匀核悬液。

(3) 另取离心管 1 支，加入 9ml 0.88mol/L 蔗糖–柠檬酸溶液，用滴管吸取核悬液，沿管壁缓缓铺于液面上，再以 2000 转/分离心 10min，倾去上清液，并将试管倒立于纱布上，吸干余液，此为初步纯化的细胞核。

(4) 用 5ml Tris-HCl-NaCl 核洗液洗涤沉淀，2000 转/分离心 10min，弃去上清液，再重复洗涤一次，白色沉淀即为纯化的细胞核。

(5) 加 5ml 0.02mol/L NaOH 溶液使细胞核溶解为细胞核液，待测定核酸。

核酸提取分离的实验流程图如图 2-7-1：

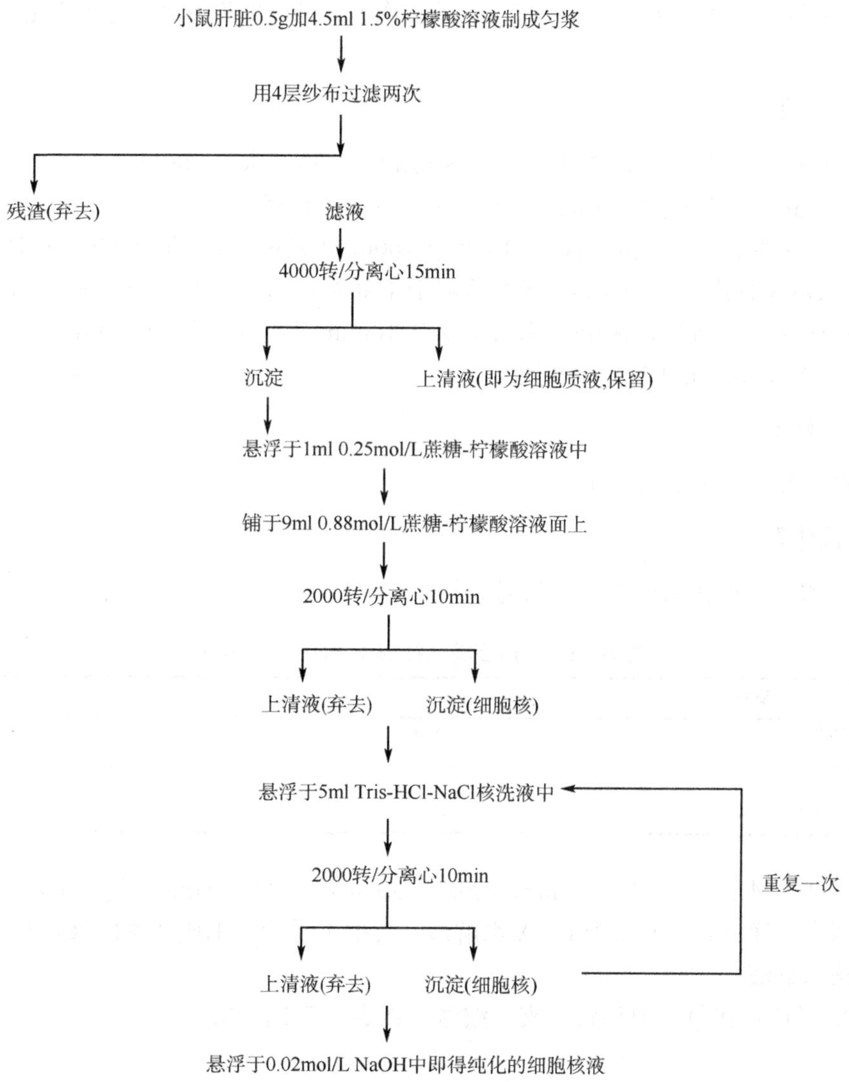

图 2-7-1 实验流程图

【注意事项】

1. 红细胞与细胞核大小相似，而且与核一起沉淀，不易分离，因此，在用 0.9% NaCl 洗去血液时，务必将血液洗净。

2. 细胞质与细胞核分离的离心转速可在 2000 转/分或 2000 转/分以上。作梯度离心时，转速不能太快，以 1000～2000 转/分为宜。

3. 制备匀浆和细胞核悬液稀释所用的体积比例，一定要准确，以便定量测定。

(二)脱氧核糖核酸(DNA)的测定

【原理】

DNA 在过氯酸溶液中加热水解后，产生的脱氧核糖可被浓酸脱水生成 α-羟基-γ-酮基戊酸等化合物，然后再进一步与二苯胺作用，可产生蓝色化合物用于定量测定 DNA。

【试剂】

1. 1mol/L 过氯酸　取 70%过氯酸 8.57ml，加蒸馏水至 100ml。

2. 0.5mol/L 过氨酸　1mol/L 过氯酸用蒸馏水稀释一倍。

3. 二苯胺溶液　结晶二苯胺 1g 溶于 100ml 冰乙酸中，再加 2.75ml 浓 H_2SO_4。

4. DNA 标准液　取 4mg DNA 溶解于 1ml 蒸馏水中，浸泡过夜。搅拌溶解后，加 1ml 1mol/L 过氯酸，置 95℃水浴中水解 10min。取出冷却，加 0.5mol/L 过氯酸 6ml，即得 0.5mg/ml DNA 标准液。

【器材】

沸水浴锅、分光光度计。

【操作】

1. 水解　取离心管 2 支，编号。按表 2-7-1 操作：

表 2-7-1　水解步骤加样操作表(单位：ml)

试剂	1	2
细胞质液	2.00	—
细胞核液	—	2.00
1mol/L 过氯酸溶液	2.00	2.00

于 95℃水浴加热水解 10min，冷却后 3000 转/分离心 5min，将上清液分别转移至两支干净试管，即得到 DNA 水解液。其中 1 号管为细胞质水解液，2 号管为细胞核水解液。

2. 显色及比色　取该管 4 支，编号。按表 2-7-2 操作：

表 2-7-2 显色步骤加样操作表(单位：ml)

试剂	1	2	3(标准管)	4(空白管)
DNA 标准液	—	—	0.20	—
细胞质水解液	2.00	—	—	—
细胞核水解液	—	2.00	—	—
0.5mol/L 过氯酸	—	—	1.80	2.00
二苯胺溶液	4.00	4.00	4.00	4.00
DNA 含量(mg/ml)			0.1	0

将上述各管立即混匀，置沸水浴中加热 12min，取出冷却后，在 595nm 波长比色，以第 4 管作空白，读取光密度，分别计算 2.00 ml 细胞质水解液和细胞核水解液中 DNA 的含量。计算公式为：

样品中 DNA 含量= [样品管光密度值/标准管光密度值]×标准管 DNA 含量

= [样品管光密度值/标准管光密度值]×0.5mg /ml×0.20 ml

= [样品管光密度值/标准管光密度值]×100(μg)

再乘上各自的稀释倍数，算出 0.5g 肝组织细胞质及细胞核中 DNA 的含量并求出其比值，探讨 DNA 在细胞质和细胞核中的分布特点。

(三)核糖核酸(RNA)的测定

【原理】

细胞核中核酸组成与细胞质不同，核内含大量 DNA，而 RNA 较少，细胞质中则 RNA 含量丰富。

RNA 在碱性溶液中水解后，产生的核糖可被浓酸脱水形成糠醛，后者能和苔黑酚(3,5-二羟基甲苯)缩合成绿色化合物，从而可以进行定量测定。

【试剂】

1. 1mol/L KOH 溶液。

2. 5%三氯乙酸溶液。

3. 苔黑酚溶液　取比重 1.19 HCl 100ml，加入 $FeCl_3 \cdot 6H_2O$ 100mg，重结晶苔黑酚 100mg，混匀溶解后，置于棕色瓶中。此试剂可用一周，颜色变绿即已变质，不能应用。市售苔黑酚往往不纯，必须用苯重结晶 1～2 次，必要时用活性炭脱色方可使用。

4. RNA 标准液　准确称取纯 RNA 0.4mg 溶解于 1.0ml 0.9% NaCl 溶液中，加等量 1mol/L KOH 溶液，置沸水浴 10min 使其水解。冷却后加 5%三氯乙酸 6ml，配成 50μg/ml 之标准液。

【器材】

沸水浴锅、分光光度计。

【操作】

1. 水解　取离心管 2 支，编号。按表 2-7-3 操作：

表 2-7-3　水解加样操作表(单位：ml)

试剂	1	2
细胞质液	1.00	—
细胞核液	—	1.00
1mol/L KOH 溶液	1.00	1.00

混匀，置沸水浴，煮沸 10min，取出冷却，加 5%三氯乙酸 8ml，搅匀，使 DNA 及蛋白质沉淀，3000 转/分离心 5min，将上清液分别转移至两支干净试管，即得到 RNA 的碱水解液。其中 1 号管为细胞质水解液，2 号管为细胞核水解液。

2. 显色及比色：取试管 4 支，编号，按表 2-7-4 操作：

表 2-7-4　显色加样操作表(单位：ml)

试剂	1	2	3(标准管)	4(空白管)
RNA 标准液	—	—	1.60	—
细胞质水解液	1.00	—	—	—
细胞核水解液	—	2.00	—	—
5%三氯乙酸溶液	1.00	—	0.40	2.00
苔黑酚溶液	3.00	3.00	3.00	3.00
RNA 含量(μg/ml)			80	0

立即混匀，置沸水浴中煮沸 10min，取出冷却，在 660nm 波长比色，以第 4 管作空白，读取光密度，分别计算 1.00ml 细胞质水解液和 2.00ml 细胞核水解液中 RNA 的含量。计算公式为：

样品中 RNA 含量=[样品管光密度值/标准管光密度值]×标准管 RNA 含量

=[样品管光密度值/标准管光密度值]×50μg/ml×1.60 ml

=[样品管光密度值/标准管光密度值]×80(μg)

再乘上各自的稀释倍数算出 0.5g 肝组织细胞质及细胞核中 RNA 的含量并求出其比值，探讨 RNA 在细胞质和细胞核中的分布特点。

【注意事项】

1. 定量实验中的试剂基本上是强腐蚀性或强氧化性、强致癌性试剂，实验过程中小心使用这些试剂。

2. 蛋白质沉淀均可以与苔黑酚或二苯胺发生显色反应，所以吸取的水解液务必绝对澄清，不含任何蛋白质沉淀物。为了保证实验结果的可靠性，也可以将水解后离心的上清液小心倒入另一试管中，观察没有蛋白质沉淀后再吸取进行显色反应。

【思考题】

1. 试述本实验测定 RNA、DNA 含量的基本原理。

2. 除本实验中的方法外，还有哪些方法可用于核酸含量的测定？其原理何在？

(何震宇)

实验三十四 基因组 DNA 的提取与电泳检测

【目的】

1. 掌握动植物基因组 DNA 提取和鉴定的基本原理和基本过程。

2. 熟悉离心、电泳、比色等生物化学基本技术在基因组 DNA 提取和鉴定中的综合应用。

3. 学会设计和制定基因组 DNA 提取和鉴定的实验方案、技术路线及技术优化。

【原理】

DNA 是所有生物体的基本组成物质。真核生物 DNA 主要存在于细胞核中，与蛋白质结合形成脱氧核糖核蛋白(DNP)。

实验中有两种提取 DNA 的方法，即普通手提法和试剂盒提取法。

本实验采用的手提法的原理是：首先用蛋白酶 K 和表面活性剂十二烷基硫酸钠(SDS)裂解细胞释放 DNA。其中蛋白酶 K 能降解蛋白质，十二烷基硫酸钠(SDS)能使蛋白质变性，使细胞破裂，让核蛋白游离出来。同时，SDS 缓冲液中的 EDTA 能螯合金属离子，抑制 DNA 酶对 DNA 的降解。其次，在高浓度的 NaCl 溶液中核蛋白容易解聚，游离出的 DNA 溶解在溶液中，而蛋白质则被盐析沉淀。通过离心沉淀除去变性蛋白质和杂质。最后，根据核酸只溶于水而不溶于有机溶剂的特点，加入异丙醇即可使 DNA 沉淀出来，经过乙醇冲洗后，便可获得 DNA 样品。

DNA 分子很大、很长，在水中呈黏稠状，但 DNA 链的双螺旋结构使之具有刚性，即分子是僵直的，小角度的折叠和压挤等剪切力将使 DNA 断裂成碎片。为保证获得大分子 DNA，操作时应避免剧烈振摇或过大的离心力。转移吸取 DNA 时不可用过细的吸头，不可猛吸猛放，更不能用细的吸头反复吹吸。

液体 DNA 只要防止 DNase 污染，在高盐浓度条件下能在液体状态保存；抽干后的固体 DNA 性质稳定，可长期保存。

组成核酸分子的碱基，均具有一定的紫外吸收特性，最大吸收峰在波长为 250～270nm 之间。核酸的最大吸收波长是 260nm，这个物理特性为测定核酸溶液浓度提供了基础。在波长 260nm 的紫外线下，1 *OD* 值的光密度相当于双链 DNA

的浓度为 50μg/ml；单链 DNA 的浓度为 33μg/ml；RNA 的浓度为 40μg/ml。可以用此来计算核酸样品的浓度。

分光光度法不但能确定核酸的浓度，还可通过测定在 260nm 和 280nm 的紫外吸收值的比值(A_{260}/A_{280})估计核酸的纯度。纯 DNA 的比值为 1.8，纯 RNA 的比值为 2.0。若 DNA 比值高于 1.8，说明制剂中 RNA 尚未除尽。RNA、DNA 溶液中含有酚、蛋白质将导致比值降低。270nm 存在高吸收表明有酚的干扰。当然也会出现既含蛋白质又含 RNA 的 DNA 溶液比值为 1.8 的情况，所以有必要结合凝胶电泳等方法鉴定有无 RNA，或用测定蛋白质的方法检测是否存在蛋白质。紫外分光光度法只用于测定浓度大于 0.25μg/ml 的核酸溶液，对于很稀的溶液可采用荧光光度法。

【试剂】

1. EB 染色替代物溶液。

2. 蛋白酶 K(protease K)。

3. DNA 分子 MARKER。

4. 10%SDS　10gSDS 置烧杯中加 80ml 蒸馏水，68℃加热溶解，加浓盐酸调 pH 至 7.2，定容到 100ml。

5. 1 mol/L Tris-HCl 溶液(pH8.0)　60.5 g Tris 加入 400ml 蒸馏水，溶解后用浓盐酸调至 pH 值为 8.0，再加水定容至 500ml。

6. 6mol/L 氯化钠　17.53g 氯化钠溶于 50ml 的蒸馏水。

7. 0.5mol/L EDTA 溶液(pH8.0)　在 700ml 蒸馏水中加入 186.1g Na_2ED TA・$2H_2O$ 溶解，用 10 mol/L NaOH 调至 pH 为 8.0(约 50ml)，补加 H_2O 至 1 L。

8. SDS 提取缓冲液

0.2mol/L Tris-HCl，pH8.0
25mmol/L EDTA，pH8.0
0.25mol/L NaCl
0.5%　SDS

9. TBE 电泳缓冲液(10×母液)

108g Tris 碱
55 g 硼酸
40 ml 0.5mol/L EDTA，pH8.0
加水至 1 L。使用时稀释 10 倍

10. 1%琼脂糖凝胶　称 1g 琼脂糖，加入 100ml 1×TBE 缓冲液，加热溶解，加入 4μl 的 EB 替代物，冷却至 50 左右，倒入电泳槽中，插上梳子，冷却凝固即可。

【器材】

台式离心机、恒温水浴锅、水平电泳装置、凝胶成像系统或紫外透射仪、冰箱、电炉、1.5ml 离心管、剪刀、移液管等、紫外分光光度计。

【操作】

(一)基因组 DNA 的提取

1. 样品前处理

(1) 微生物样品：在超净工作台内，取 1.4ml 培养菌液放入灭过菌的 1.5ml 离心管中，以 10 000*g* 离心 10min 浓缩细胞。若菌液浓度太低，可多次离心浓缩，以达到合适的细胞量。

(2) 乙醇保存样品：取适量的样品(微生物样品离心浓缩)，放置超净工作台内，让乙醇自然挥发，晾干，置于 1.5 ml 离心管中剪碎后可用。

(3) 新鲜动植物组织样品：取适量组织样品，置于 1.5 ml 离心管中用剪刀剪碎后可用。

2. 基因组 DNA 提取

(1) 样品经过前处理后，加入 400μl SDS 提取缓冲液和 10μl 20mg/ml 的蛋白酶 K，混匀，放在 55℃水浴锅中水浴 1 h。

(2) 以 10 000*g* 离心 10 min，上清加入 300μl 的 6mol/L NaCl，充分摇均 30s。

(3) 以 10 000*g* 离心 30 min，上清加入等体积的异丙醇，–20℃放置 30min 以上。

(4) 以 10 000*g* 离心 10 min，沉淀用 70%乙醇溶液 500μl 冲洗一次，再用 500μl 无水乙醇洗一次。

(5) 室温下晾干，加入 50μl 蒸馏水溶解。–20℃保存，备用。

(二)基因组 DNA 的检测

取 1μl loading buffer 和 5μl DNA 样品或 DNA 分子 MARKER 混合，用 1%的琼脂糖凝胶 120V 电压电泳 30min，电泳结果用紫外透射仪或凝胶成像系统观察。

(三)基因组 DNA 的定量检测

1. 含量测定　取 DNA 样品作适当稀释，配制成 5～50μg/ml 的溶液，用紫外分光光度计测定 260nm 处的光密度值(A_{260})，按下列公式计算，求出该样品的 DNA 含量。

$$\text{DNA 浓度}(\mu g/ml) = A_{260} \times 50 \times \text{稀释倍数}$$

2. 纯度鉴定　测定在 260nm 和 280nm 的紫外线吸收值的比值(A_{260}/A_{280})估计核酸的纯度。

【实验结果】

1. 绘制基因组 DNA 电泳图谱。
2. 估计提取到的基因组 DNA 分子大小。
3. 定量检测基因组 DNA 分子的含量。
4. 鉴定 DNA 的纯度。

【注意事项】

1. 生物体内各部分的 DNA 是相同的，但是取材以含量丰富的部位为主，如动物的肝脏、脾、肾、血液等，植物的嫩芽等，所有材料必须新鲜及时使用，或放入−20℃冰箱、乙醇保存和液氮冷冻保存。

2. 用 SDS 缓冲液消化离心后，取上清时不要接触沉淀。

3. DNA 的溶解保存，必须要晾干后才可加入 TE 溶解。

4. 目前已有很多商业化的 DNA 提取试剂盒，使用前务必仔细阅读说明书，弄清每一步操作的原理及细节。

附：口腔拭子基因组 DNA 提取(试剂盒法)

本实验所用口腔拭子基因组提取试剂盒由天根生化科技(北京)有限公司生产，试剂盒采用可以特异性结合 DNA 的离心吸附柱和独特的缓冲液系统，离心吸附柱中采用的硅基质材料能高效、专一吸附 DNA，可最大限度去除杂质蛋白及细胞中其他有机化合物。提取的基因组 DNA 片段大，纯度高，质量稳定可靠。

试剂盒内容【50 人份】(50 次)

缓冲液 GA 30ml　【样本重悬】

缓冲液 GB 30ml　【裂解样本，释放核酸】

缓冲液 GD 13ml　【去蛋白】

漂洗液 PW 15ml　【去盐、去杂质】

洗脱缓冲液 TB 15ml　【溶解 DNA】

蛋白酶 K 1ml

吸附柱 CR2 50 个

收集管(2 ml) 50 个

1.5 ml 无菌离心管 50 个

【其他试剂和器材】

无水乙醇、2 ml 离心管、1ml 及 200μl 的微量取样器、离心机、水浴锅、浮板、记号笔、Tip 头。

【操作步骤】

使用前请先在缓冲液 GD 和漂洗液 PW 中加入无水乙醇，加入体积请参照瓶上的标签。

取样方式：使用棉签在面颊内用刷牙的力度上下擦动，不时旋转棉棒，让拭子头部充分接触口腔黏膜，反复擦拭 20 下。

注意：为了保证样本不被食物或者饮料污染，取样前 30min 内请勿进食和饮水。

1. 处理材料　将在面颊内擦拭过的棉签转置于 2ml 离心管中，用剪刀将棉签部分从其杆上剪下，加入 400μl 缓冲液 GA。

注意：如果需要去除 RNA，可加入 4μl RNaseA(100 mg/ml)溶液，振荡 15s，室温放置 5min。

2. 加入 20μl 蛋白酶 K 溶液，涡旋 10s 混匀，56℃放置 60 min，其间每 15min 涡旋混匀数次。

3. 加入 400μl 缓冲液 GB，充分颠倒混匀，70℃放置 10 min。此时溶液应变清亮，简短离心以去除管盖内壁的液滴，然后挤压去除拭子，将尽可能多的裂解液转移至新的离心管中。

注意：①加入缓冲液 GB 时可能会产生白色沉淀，一般 70℃放置时会消失，不会影响后续实验。如溶液未变清亮，说明细胞裂解不彻底，可能导致提取 DNA 量少和提取出的 DNA 不纯。②如果由于拭子上细胞数少导致提取的基因组 DNA 少于 1μg，可以在添加缓冲液 GB 的同时添加 Carrier RNA。

4. 加 200μl 无水乙醇，充分颠倒混匀，简短离心以去除管盖内壁的液滴。

注意：加入无水乙醇后可能会出现絮状沉淀，但不影响 DNA 提取。

5. 将上一步所得溶液和絮状沉淀都加入一个吸附柱 CR2 中(吸附柱 CR2 放入收集管中)，12 000 转/分(～13 400×*g*)离心 30s，倒掉收集管中的废液，将吸附柱 CR2 放回收集管中。

6. 向吸附柱 CR2 中加入 500 μl 缓冲液 GD(使用前请先检查是否已加入无水乙醇)，12 000 转/分(～13 400×*g*)离心 30s，倒掉收集管中的废液，将吸附柱 CR2 放回收集管中。

7. 向吸附柱 CR2 中加入 700 μl 漂洗液 PW(使用前请先检查是否已加入无水乙醇)，12 000 转/分(～13 400×*g*)离心 30s，倒掉收集管中的废液，将吸附柱 CR2 放回收集管。

8. 向吸附柱 CR2 中加入 500 μl 漂洗液 PW，12 000 转/分(～13 400×*g*)离心 30s，倒掉收集管中的废液。

9. 将吸附柱 CR2 放回收集管中，12 000 转/分(～13 400×*g*)离心 2min，倒掉废液。将吸附柱 CR2 室温放置数分钟，以彻底晾干吸附材料中残余的漂洗液。

注意：这一步的目的是将吸附柱中残余的漂洗液去除，漂洗液中乙醇的残留会影响后续的酶反应(酶切、PCR 等)实验。

10. 将吸附柱 CR2 转入一个干净的离心管中，向吸附膜中间位置悬空滴加 20 ～50μl 洗脱缓冲液 TB【TB 事先预热到 65℃，可以增加 DNA 回收效率】，室温放置 5min，12 000 转/分(～13 400×*g*)离心 2 min。

注意：①洗脱缓冲液体积不应少于 20μl，体积过小影响回收效率，建议体积为 35μl。②为增加基因组 DNA 的得率，可将离心得到的溶液再加入吸附柱 CR2 中，室温放置 2min，12 000 转/分(～13 400×g)离心 2min。③洗脱液的 pH 对于洗脱效率有很大影响。若用水作洗脱液应保证其 pH 在 7.0～8.5 范围内(可以用 NaOH 将水的 pH 调到此范围)，pH 低于 7.0 会降低洗脱效率；且 DNA 产物应保存在–20℃，以防 DNA 降解。

【思考题】

1. 简述 DNA 提取过程中需要注意的问题。
2. 如何检测提取的 DNA 分子的质量？

(何震宇)

实验三十五　质粒 DNA 的快速提取制备及酶切鉴定

【目的】

1. 掌握碱裂解法分离质粒 DNA 的基本原理和操作要点。
2. 了解限制性内切酶作用的原理、特点和酶切质粒 DNA 的实验方法。
3. 学习琼脂糖凝胶电泳检测 DNA 的方法和技术。

一、质粒 DNA 的快速提取制备

【原理】

染色体 DNA 与质粒 DNA 的变性与复性具有一定的差异。在 pH12.6 的高碱性条件下，染色体 DNA 和质粒 DNA 都发生变性，但质粒超螺旋共价闭合环状结构的两条互补链不会完全分离，所以当以 pH 4.8 的 KAc 高盐缓冲液调节其 pH 至中性时，变性的质粒 DNA 又恢复到原来的构型，保存在溶液中。而染色体 DNA 不能复性而形成缠连的网状结构。通过离心，染色体 DNA 与不稳定的大分子 RNA、蛋白质-SDS 复合物等一起沉淀下来而被除去。

【试剂】

1. pUC 质粒转化菌。

2. LB 液体培养基　蛋白胨 10g、酵母浸出粉 5g、NaCl 10g，用重蒸水溶至 1000ml，用 5mol/L NaOH(约 0.2ml)调 pH 至 7.0，高压灭菌。

3. 氨苄青霉素　用无菌水配制储存液为 100mg/ml，临用时 1∶1000 稀释。

4. GET 溶液终浓度为　500mol/L 葡萄糖、10mol/LEDTA、25mol/LTris- HCl

(pH8.0)，高压灭菌，4mg/ml 溶菌酶(临用前加入)。

5. 1mol/L NaOH。

6. 5% SDS。

7. 3mol/L KAc(pH4.8)。

8. 饱和重蒸酚。

9. 氯仿。

10. TE 缓冲液(pH8.0)：10mmol/L Tris-HCl(pH8.0)、1mmol/L EDTA，高压灭菌。

11. RNase 10mg/ml。

12. 无水乙醇。

【器材】

台式离心机、震荡混匀器、Eppendorf 管、可调式微量移液量、移液器吸头。

【操作】

1. 将含有 pUC19 质粒的大肠杆菌 100μl 接种到含氨苄青霉素(100μg/ml)的 LB 培养液中，在 37℃振摇过夜。

2. 取 1.5ml 培养物转入 EP 管中，8000 转/分离心 1min。(如菌液较稀，可在弃去上清后，再取 1.5ml 菌液离心)。

3. 弃去离心后的上清液，使细菌沉淀物尽可能干一些。

4. 将沉淀物悬浮于 100μl 冰冷的 GET 溶液中。

5. 在室温下放置 5min。

6. 加 200μl 新鲜配制的冰冷下述溶液。

0.2mol/L	NaOH
1%	SDS

盖上管口，迅速颠倒 Eppendorf 小管 2～3 次以混匀内容物。切勿振摇。将小管置冰上 5min。

7. 加入 150μl 冰冷的乙酸钾溶液(3mol/L，pH4.8)，盖上管口，置于振荡器上温和地振荡 10s。然后在冰上放置 15min。

8. 在 EP 离心机中于 4℃ 12 000 转/分离心 10min。

9. 将上清液转入另一新的 EP 管中。

10. 加等体积酚/氯仿，震荡混合。在 EP 离心机中 10 000 转/分离心 2min 后，将上清液转移到一新的管中。

11. 加入 2 倍体积的无水乙醇，振荡混合，于–20℃静置 10min。

12. 室温下 12 000 转/分离心 10min。

13. 去除上清液，将小管倒立于吸水纸上使所有液体流尽。

14. 加 1ml 70%乙醇溶液，短暂振摇，然后再离心 10 000 转/分，5min。

15. 再去除所有上清液，室温短暂干燥。

16. 加 20μl 的 TE 缓冲液(pH8.0)，短暂振摇，溶解沉淀物。加入 1μl RNase (10mg/ml)，37℃水箱中置放 15min，取出后即可用于分析或置于–20℃保存待用。

二、质粒 DNA 的限制性内切酶消化酶解

【原理】

限制性核酸内切酶能特异地识别双链 DNA 中的碱基序列，通过“切割”双链 DNA 中每一条链上的磷酸二酯键使 DNA 断裂。利用它可方便地按需要对 DNA 进行“剪切”加工。限制性核酸内切酶单位的定义为：在限定的温度和反应环境中，1h 消化 1μg DNA 所需的酶量为一个酶单位。由于种种原因，在实际使用时需适当增加酶量。一般用 3～5 单位的酶消化 1μg DNA；反应时间亦可延长到 3 小时以上乃至过夜；从而使得酶切反应更为完全。内切酶一般均保存在 50%的甘油缓冲液中，但进行酶切反应时，过高的甘油浓度会抑制酶活性。在反应体系中甘油的终末浓度不能高于 5%，故酶储存液至少需稀释 10 倍。通常各种核酸内切酶反应都需要 Mg^{2+}和一定的盐浓度及适宜的 pH，这就需要提供特定的缓冲液。为方便操作，一般习惯于配制 10 倍浓度的贮存缓冲液，在临用时按 1∶10 比例稀释即可。现在各厂家均配售各种与酶相应的缓冲液，如配套使用，效果更佳。本实验中所用的 pUC19 质粒分子总长为 2.7kb，经 *Hin*dⅢ切割后，闭合环状质粒 DNA 即变成线性 DNA 分子。

【试剂】

10×缓冲液、限制性内切酶、质粒 DNA

【器材】

台式离心机、震荡混匀器、Eppendorf 管、可调式微量移液器、移液器吸头

【操作】

1. 取 EP 管一支，按表 2-7-5 在管中依次加入：

表 2-7-5　酶解加样表

质粒 DNA	10μl(10μg)
10×缓冲液	2μl
*Hin*dⅢ(20U/μl)	2μl
无菌三蒸水	6μl
总体积	20μl

混匀，置离心机中短暂离心数秒钟，使溶液聚于管底。

2. 37℃水浴酶解消化 1h 以后，即可进行电泳分析。

三、DNA片段的琼脂糖凝胶电泳

【原理】

琼脂糖凝胶电泳是重组 DNA 研究中常用的技术，可用于分离，鉴定和纯化 DNA 片段。不同大小、不同形状和不同构象的 DNA 分子在相同的电泳条件下(如凝胶浓度、电流、电压、缓冲液等)，有不同的迁移率，所以可通过电泳使其分离。凝胶中的 DNA 可与荧光染料溴化乙锭(EB)结合，在紫外灯下可看到荧光条带，借此可分析实验结果。

【试剂】

1. 琼脂糖。
2. 6×点样缓冲液　0.25%溴酚蓝、40%蔗糖。
3. DNA 分子量标准　λDNA/*Hin*dⅢ。
4. 50×TAE 电泳缓冲液贮存液配方：(50×)每升

242g	Tris
57.1ml	冰乙酸
100ml	0.5mol/L EDTA(pH8.0)

　　1×缓冲液浓度　0.04mol/L Tris HAc、0.002mol/L EDTA

5. 0.8%琼脂糖　0.8g 琼脂糖用 100ml 1×TAE 沸水浴溶解。
6. 10mg/ml EB　1.0g 溴化乙锭，加入 100ml 三蒸水。

【器材】

电泳仪、水平式核酸电泳槽、紫外灯。

【操作】

1. 将凝胶成形模具两端用医用胶布封好，水平放置，将选好的梳子放好，梳子底部与模具之间留 1mm 空间。

2. 称取 DNA 电泳用琼脂糖 0.8g 放入 250ml 的三角烧瓶中，加入 100ml 1×TAE 缓冲液，混匀后，将烧瓶置于电炉上，加热煮沸，直至琼脂糖完全溶解。

3. 关闭电炉，取下三角烧瓶，将其置室温下冷却至 70℃左右(手握烧瓶可以耐受)，再加入溴化乙锭(10mg/ml)5μl，混匀后，即将凝胶溶液倒入胶板铺板。本实验所用制胶板约需胶液 100ml。

4. 室温下待凝胶完全凝固，需时约 30min，揭去两端胶布，拔出梳齿，将胶板放入电泳槽中。

5. 在电泳槽加入 1×TAE 缓冲液，以高出凝胶表面 2mm 为宜。

6. 取 Ep 管三支，标号，如表 2-7-6 所示准备电泳样品。

表 2-7-6 加样表

	1	2	3
样品	λDNA/HindIII	未酶解质粒	酶解质粒
	10μl	10μl	10μl
6×点样液	2μl	2μl	2μl

7. 将上面三管样品置震荡器上混匀，短暂离心。

8. 用加样器吸取样品。依序分别加入三个点样孔中，注意加样器吸头应恰好置于凝胶点样孔中，不可刺穿凝胶，也要防止将样品溢出孔外。

9. 接通电源，调节电压至 50V，电泳 90min 后，将凝胶板取出，在紫外灯下观察。

【思考题】

1. 结合实验情况，分析如何提高限制性酶切的反应效率。
2. 质粒有哪些结构特点？

(李　荷)

参考文献

蔡武城，袁厚积.1982.生物物质常用化学分析法. 北京：科学出版社.
高国全，王桂云.2014.生物化学实验. 武汉：华中科技大学出版社.
郝福英.2004.生命科学实验技术. 北京：北京大学出版社.
何凤田，连继勤.2012.生物化学与分子生物学实验教程. 北京：科学出版社.
林加涵，魏文铃，彭宣宪.2000.北京：现代生物学实验. 北京：高等教育出版社.
杨红.2016.生物化学实验指导. 北京：中国医药科技出版社.
张云贵，王俊斌，李天俊.2013.生物化学实验指导. 北京：中国农业出版社.